东鞍山铁矿石磨矿特性基础研究

赵瑞超 李 涛 著

东北大学出版社

·沈 阳·

© 赵瑞超 李 涛 2022

图书在版编目（CIP）数据

东鞍山铁矿石磨矿特性基础研究 / 赵瑞超，李涛著
. — 沈阳：东北大学出版社，2022.9
ISBN 978-7-5517-3107-2

Ⅰ. ①东… Ⅱ. ①赵… ②李… Ⅲ. ①铁矿床—磨矿
—研究—鞍山 Ⅳ. ①TD921

中国版本图书馆 CIP 数据核字（2022）第 163860 号

───────────────────────────────

出 版 者：东北大学出版社
　　　　　地址：沈阳市和平区文化路三号巷11号
　　　　　邮编：110819
　　　　　电话：024-83680267（社务部）　83687331（营销部）
　　　　　传真：024-83683655（总编室）　83680180（营销部）
　　　　　网址：http://www.neupress.com
　　　　　E-mail:neuph@neupress.com
印 刷 者：沈阳市第二市政建设工程公司印刷厂
发 行 者：东北大学出版社
幅面尺寸：170 mm × 240 mm
印　　张：13
字　　数：248千字
出版时间：2022年9月第1版
印刷时间：2022年9月第1次印刷
策划编辑：刘桉彤
责任编辑：向　阳　廖平平
责任校对：刘桉彤
封面设计：潘正一

───────────────────────────────

ISBN 978-7-5517-3107-2　　　　　　　　　　定价：65.00元

前　言

在选矿生产中，磨矿作业的首要任务是将有用矿物从脉石矿物中充分单体解离出来，其次是为各种选别工艺提供粒度适宜且均匀分布的物料，入选产品的粒级过粗或过细都将直接影响最终的选别指标。东鞍山铁矿石是我国典型的难选铁矿石，东鞍山烧结厂选矿车间当前采用"连续磨矿、中矿再磨、重选-强磁-分步浮选"的选矿工艺流程处理含碳酸铁（菱铁矿）较多的铁矿石，工业上取得了一定的效果，但生产实践表明，碳酸铁的出现对东鞍山铁矿石的球磨指标影响极大，随着碳酸铁含量的增加，磨矿产品出现粒度分布不均、可选粒级范围内铁矿物单体解离较低、微细粒铁矿物含量高等问题，导致后续的选别指标不稳定及精矿品位不高等。尤其近几年来，随着开采深度的增加，矿石中碳酸铁含量逐年增加，磨矿产品的粒度分布不均和泥化现象更加严重，导致浮选指标急剧恶化。

本书以东鞍山含碳酸盐铁矿石为研究对象，系统地研究东鞍山含碳酸盐铁矿石的磨矿特性，探明在磨矿过程中主要矿物的磨矿特性、矿物的粒级分布特点及各矿物之间的相互作用影响，对该矿的磨矿特性进行了系统的基础研究，阐明东鞍山铁矿石在球磨过程中磨矿产品的粒度分布特点、铁矿物在各粒级中的含量及单体解离度等磨矿特性，为制定科学合理的球磨工艺流程或磨矿技术路线提供了理论依据，从而最大限度地提高东鞍山铁矿物可选粒级内铁矿石单体解离度和产率，减少铁矿物欠磨和过磨现象，为后续选别作业提供合格的磨矿产品。

本书大纲的制定、撰写由内蒙古科技大学赵瑞超完成，本书的整理和统稿由内蒙古科技大学（分析测试中心）李涛教授完成。

　　著者在成书过程中，得到了东北大学资源与土木工程学院韩跃新教授的细心指导和无私帮助，在此向韩跃新老师表示崇高的敬意。同时，也感谢东北大学资源与土木工程学院李艳军教授和中信泰富澳大利亚矿业公司何明照高工在本书撰写过程中给予的建设性指导意见。著者在撰写本书过程中，参阅了大量的国内外相关期刊、学位论文、专著等，在此也谨向作者表示由衷的感谢。由于著者学术水平有限，本书中难免有疏漏之处，敬请各位专家读者批评指正。

著　者

2022年5月

目　录

第1章 绪 论

1.1 我国含菱铁矿难选铁矿石资源特点概况

我国含有菱铁矿类型矿石按成因主要分为两种：一种以沉积成因形成的菱铁矿，一般存在于煤层或页岩的夹层之中，形状多呈片状、胶状及结核状等，并与鲕状赤铁矿、针铁矿、褐铁矿等多种含铁矿物共生，例如位于东北辽河群地区的大栗子铁矿床就是沉积成因形成的，即由赤铁矿、磁铁矿和菱铁矿等矿物相互共生，菱铁矿多呈致密块状或粒状，粒度较小；另一种是以热液成因形成的菱铁矿，常见与硫铁矿、方铅矿、黄铜矿等硫化矿伴生，少量的偶尔以单独菱铁矿脉存在，像湖北大冶铁矿和云南王家滩铁矿就属于热液成因形成的[1]。

从菱铁矿的成因来看，我国单独存在的菱铁矿资源很少，且菱铁矿本身含铁品位较低，且含有一些杂质元素，单独处理该矿的经济价值不高，通常在工业上能应用的这种难选铁矿都是含菱铁矿在内的赤铁矿、褐铁矿、磁铁矿、硫铁矿、方铅矿、黄铜矿等共生矿或伴生矿。菱铁矿在氧化带上化学性质不稳定，极易转变成褐铁矿、针铁矿、水赤铁矿等次生矿而形成铁帽[2]。

我国菱铁矿资源主要集中在贵州、新疆、陕西、辽宁、吉林等十多个省区，尤其在贵州、陕西、甘肃和青海等几个西部省（自治区）占全国该类铁矿石资源总储量50%以上，而且具有矿石含矿品位高、易开采和储量大等特点，我国几个典型的含菱铁矿矿山资源的基本特征及可选性见表1.1 [3]。

表1.1 国内典型的含菱铁矿难选矿资源的基本特性

序号	矿山名称	矿床类型	矿石性质	可选性
1	辽宁东鞍山铁矿	沉积和淋滤矿床	赤铁矿为主的条带状构造，其次为脉状、层状构造等	较难

表 1.1 （续）

序号	矿山名称	矿床类型	矿石性质	可选性
2	陕西大西沟铁矿	沉积变质	菱铁矿为主，条带状构造	中等
3	湖北大冶铁矿	中温热液接触交代	含铜矽卡型混合矿，残余交代结构	较好
4	江苏梅山铁矿	热液接触交代	磁铁矿型混合矿，呈块状、网脉浸染状、斑点状等构造	中等
5	云南王家滩铁矿	中低温热液裂隙填充	石英菱铁矿类型，呈块状构造	中等
6	甘肃镜铁山铁矿	沉积变质矿床	含菱铁矿的铁质碧玉型，条带状浸染构造	较难
7	山西峨口铁矿	鞍山式沉积变质	磁铁矿型混合矿，块状或条带状构造	较好
8	贵州观音山铁矿	风化淋滤矿床	淋滤成褐铁矿，不规则多种构造	难选
9	河北庞家堡铁矿	浅海相沉积	赤铁矿型混合矿，鲕状、块状构造	难选

含有菱铁矿难选铁矿石在我国铁矿资源中占有一定的比例，单就菱铁矿资源而言，储量居世界前列，已探明储量 18.34 亿 t，占我国铁矿石探明储量的 3.4%，另有保有储量 18.21 亿 t[4]。菱铁矿一般与赤（褐）铁矿、磁铁矿、褐铁矿等铁矿物相互伴生或共生，矿物组成复杂，单独存在的很少。再者，该铁矿石受到当前分选技术和成本的限制，国内的这种铁矿石利用率较低，相当数量的菱铁矿作为尾矿被丢弃。常规选矿工艺无法有效回收这些难选铁矿物，传统的磁化焙烧方法虽然有效但也存在环境污染和成本高等缺点。因此，如何高效绿色地利用这些含菱铁矿难选铁矿石资源显得十分重要。

1.2 东鞍山含碳酸盐难选铁矿资源的利用现状

辽宁省含菱铁矿的铁矿石以东鞍山蕴藏量最大，大约有 5 亿 t，主要铁矿物以假象赤铁矿为主，其次为菱铁矿和铁白云石，另外还含有少量磁铁矿、弱磁性赤铁矿、半假象赤铁矿等铁矿物；而脉石矿物主要以石英为主，还有一些碳酸盐和硅酸盐类脉石矿物等。由于矿石中强磁性矿物少、成分复杂多变、铁矿物的嵌布粒度不均等特点，且选别过程中碳酸盐铁矿物泥化现象严重，导致铁矿资源的综合回收利用率一直较低[5]。

东鞍山烧结厂从 20 世纪 50 年代建厂到 20 世纪末，选矿工艺一直采用"三段一闭路破碎、两段连续磨矿、单一碱性正浮选"流程。由于分选工艺和选矿设备的技术水平不高，铁精矿的品位不到 60%，使得东鞍山烧结厂的选矿技术指标低于国内其他同类铁矿石的选矿厂指标[6]。21世纪初，该厂开始对"单一正浮选"选矿工艺进行彻底改造，改造后的选矿工艺流程为"两段连续磨矿、中矿再磨、重选–强磁–反浮选"，选矿技术指标明显改善，铁精矿品位达到64%，铁的回收率达71.69%。2007年，在原改造工艺的基础上，引进了MQY5030×6700溢流型球磨机，一次分级采用Φ660 mm渐开线式旋流器取代原有2FLG–2000 mm高堰式螺旋分级机，选别工艺增建2个浮选系统共6个浮选系统，重选、磁选也增建一个系统，铁矿石年处理能力由原来的400多万t提高到了将近700万t[7]。

近年来，东鞍山铁矿石开采量不断加大，矿石性质也随之发生了明显的变化，矿石中碳酸盐铁矿石含量不断增高。为了解决这种含碳酸盐难选铁矿石不能直接入选的问题，东北大学矿物加工团队开发了一种创新型的选矿工艺"分步浮选"[8]，其主要特点是采用阴离子捕收剂，首先在pH值为中性的条件下，正浮选选出菱铁矿等矿物；随后，在pH值为强碱性的条件下，进行反浮选工艺回收铁矿，获得精矿铁品位为63%以上、回收率为65%左右的工业技术指标，为回收含菱铁矿半生铁矿资源开辟了新的技术途径。

目前东鞍山烧结厂在工业上基本解决了含碳酸盐铁矿物增加对选矿指标产生不利影响的难题，但是由于东鞍山矿石组成的复杂多变，磨矿过程中菱铁矿（少部分褐铁矿）极易泥化，微细粒铁矿物仍不能很好地回收，现行的"分步浮选"选矿技术工艺仍有较大的改进空间。

1.3 球磨机的磨矿特点及技术进展

磨矿就其物理现象来说，是被磨物料粒度减小和比表面积增大的过程。根据热力学原理，表面积增大是一个内能增加的过程，是不能自发进行的，要靠外界对物料作功才能实现。磨机通过磨矿介质对物料作功，使物料增加内能而发生变形，变形达到极限即发生碎裂现象。因此，在磨矿过程中，能量的载体——磨矿介质，实际上起着能量传递的作用[9]。

在磨矿过程中，解离矿物和减小粒度这两个任务是紧密相关的，而且是相伴完成的，即矿物的相互解离是伴随矿物粒度的减小而实现的。而且矿物颗粒被磨得愈细，矿物的单体解离度也就愈高。然而，矿石是一个力学结构特殊的复杂物质，不同矿物聚合体结合面上的聚合力小于矿物内部质点间的聚合力[10]，使得矿物的解离与粒度的减小可以不是同步进行，只要破碎力恰当，则可能是不同矿物之间的解离在先，随后才是矿物粒子的进一步减小。另外，矿粒的破碎行为与破碎力密切相关，破碎力的大小、作用方式及作用频率等因素不仅影响着破碎行为能否发生，而且还影响破碎行为方式的发生。不同的矿石在加工处理过程中根据磨矿目的不同，可以将磨矿工艺分为三类[11-12]。① 粉碎性磨矿：粉碎性磨矿的目的是磨矿产品直接应用于生产加工，且物料粉碎得越细越好。例如水泥工业中的水泥熟料、火电厂中的煤粉、农业中的农药生产及精细化工中的颜料制备等。② 擦洗性磨矿：擦洗性磨矿的主要目的是使入磨的物料充分裸露出新鲜表面，使相互粘连在一起的不同性质的矿物颗粒分开。例如建筑行业中的沙子擦洗磨矿作业，选矿行业中的洗矿、脱泥作业等。③ 解离性磨矿：即选择性磨矿，主要目的是将矿石中的有价矿物与脉石矿物解离且磨矿产品粒度满足后续选别的入选粒级，尽量减少过磨现象。例如选矿行业中为后续选别作业提供适宜入选粒级，另外，在湿法冶金行业中磨矿作业均属于解离性磨矿。

针对选矿厂的磨矿工艺流程，磨矿作业属于解离性磨矿，它的首要任务是将有用矿物从脉石矿物中充分单体解离出来。另一个重要任务，就是为各种选矿工艺提供粒度比较均匀且适宜选别的粒级。入选粒级过粗或过细都将直接影响最终的选别指标，磨矿工艺首先使矿物单体解离，其次是提供适合选别产品粒度，这两个任务中前者是第一位的，后者是第二位的[10, 13]。

1.3.1　球磨机的磨矿特点

磨矿作业是物料破碎作业的继续，是物料入选前准备的最后一道工序。尽管十多年来，超细粉碎及分级技术迅速发展，相继开发高速冲击粉碎机、振动磨机、搅拌磨机、气流磨机、离心辊磨机等磨矿设备，但上述磨矿方式均无法在规模化生产方面替代球磨机，尤其是在粗磨作业中，球磨机仍然是磨矿作业中应用最广泛的设备[14-15]。球磨机作为一种介质运动式粉碎设备，自1893年首次出现至今已有100多年历史，被广泛应用于金属、非金属选矿行业，以及冶金、建材、化工及电力部门等基础行业。球磨机之所以在各行业应用如此广泛，主要优点有[16-18]：① 物料的适应性强，能连续生产，生产能力大，可满足现代化大规模生产的要求；② 粉碎比大，易于调整粉磨产品的粒度；③ 可适应各种不同情况下的操作（干法作业、湿法作业）；④ 结构简单，维护管理方便，能长期连续运转；⑤ 密封性良好，可负压操作。因此，在工业应用及发展中，球磨机经历了如此长的时间从未被淘汰，而且在今后相当长的时间内仍将是物料粉碎作业的主要设备。

但是，球磨机也存在电耗和钢耗大、能量利用率低、产品粒度不均等缺点[19]，例如粉碎密度为 2.2 ~ 2.3 g/cm³ 的中硬物料，球磨机的用电量占选矿厂能耗的 60% ~ 70%，而实际用于粉碎物料的电能利用率仅在 2% ~ 7%，绝大部分电能转变为热量消耗掉。据统计，选矿厂破碎与磨矿作业的生产费用占选厂全部费用的 40% 以上，破碎与磨矿的投资占选矿厂总投资的 60% 左右。碎矿和磨矿工艺的设计与操作好坏，直接影响到选矿厂的经济指标[20-22]。因此，对球磨机的磨矿过程进行深入研究是十分必要的。

1.3.2　球磨机技术的进展

1.3.2.1　传统球磨机的设备大型化

随着工业和科技的发展，所需金属量增多，可选矿石的品位日益降低，矿石的开采量正在逐年增加，日处理数万吨矿石的大型选矿厂频频出现。伴随着生产量的增加，使用大型化的磨矿设备已经是大势所趋。

20 世纪末，许多学者认为，球磨机的最大直径在理论上不应该超过 5 m，主要是钢球介质工作时存在没有任何磨矿作用的空白区域，但对大型球磨机研制的步伐从未停止[23-25]。21 世纪初世界上研制成功的最大的球磨机是由丹麦福勒史密斯矿业公司制造的，该磨机的规格为 Φ7.92 m × 12.2 m，这种湿式球磨机装机容量为 17500 千瓦/台，并于 2007 年成功应用于南非 Anglo Platinum 铂矿。而世界上最大规格的 Φ6.2 m × 25.5 m 干式球磨机则是由克虏伯公司研发并成功应用于美国的一所难选金矿矿山，装机容量为 11200 千瓦/台[26-28]。我国也从未停止对大型球磨机的研发，我国成功研制规格为 Φ7.93 m × 13.6 m 的溢流型球磨机，并于 2012 年底成功应用于中信泰富澳大利亚磁铁矿项目的二段磨矿。这标志着我国大型选矿设备的研发与制造已步入国际前列[29]。

虽然许多选厂仍然使用传统的磨矿机，但毕竟其体积庞大且效率不高。因此，在改进磨机结构的同时，还须设计新型高效设备。例如，由日本研制成功的塔式磨矿机，适用于各种物料的细磨生产，已被许多欧美国家采用。此外，对非金属的磨矿，已经不是选别前的准备作业，而是直接加工非金属矿物粉碎产品[30]。

1.3.2.2　球磨机结构参数的优化设计

球磨机问世已 160 多年，一直是大宗物料粉磨的关键设备。众所周知，球磨机能量利用率极低，球磨机的效率只有 0.6%，最高也不超过 9%[31]，是效率最低的机械设备。为了弥补和改善球磨机高能耗、低效率这一客观现实，众多科技工作者对磨机进行了局部改进，或者采取辅助性措施，同时研究和开发出可使球磨机增产节能的新技术、新工艺、新设备。

　　针对已有的磨矿介质工作理论的研究，主要是研究球磨机内钢球作抛落运动的情况、磨矿介质的材料性能和形状等。Davis和Лebeeoh，还有我国的王仁东在20世纪30年代，主要研究球介质在磨机中的运动情况[32-34]。20世纪80年代，东北工学院陈炳辰教授[9, 35-36]提出球介质配比的线性叠加原理，并成功应用在工业球磨机上，现场球磨机的磨矿产率能提高10%～15%。另外，昆明工学院的段希祥教授[11, 37-38]认为，磨机中钢球对矿粒的作用是随机的，对于这样的随机过程只能用统计方法，即概率方法来解决。他提出了球径半理论公式，为选厂选择钢球尺寸提供了依据，通过完善精确的装补球方法，有用矿物单体解离度提高5%～6%，精矿品位及回收率都明显提高。另外，国内外采用异性介质（铸铁锻、短圆柱体、椭球体等）代替钢球，在一些选矿厂的推广应用过程中，减少矿物过磨现象，使产品粒度分布均匀，取得了很好的经济效益[39-43]。

　　除了磨矿介质的消耗，球磨机衬板也是主要消耗的备件。目前国内外对衬板的研究主要分两个方向：一是衬板材料的研究，另一个是衬板结构尺寸的研究。

　　目前衬板材料主要有金属衬板、磁性衬板和橡胶衬板三种。国内外专家对金属衬板的研究体现在改变衬板的材质和提高耐磨性方面。例如，国外一些人员在高锰钢中加入Cr和V等，还有一些人员在普通碳钢里面加入合金元素来提高衬板的耐磨性，或者在耐磨钢中加入稀土和硼等来改变金属衬板的机械性能[44-50]。20世纪八九十年代，磁性衬板技术开始应用在球磨机上，它与传统的金属衬板相比，具有质量轻、寿命长、磨矿噪声小、成本小等优点，迅速推广应用到国内许多大中型矿山的球磨机中。例如，包钢选厂的Φ3.6 m×6.0 m球磨机，歪头山选矿厂的Φ3.2 m×4.5 m球磨机，山东金岭铁矿厂的Φ2.7 m×2.1 m湿式格子型球磨机及首钢、本钢、鞍钢、酒钢等百多家矿厂[51-55]。橡胶衬板与金属和磁性两种衬板相比，具有质量轻、耐腐蚀、抗冲击等优点，节能降噪效果特别显著。再者，随着对橡胶衬板研究的不断深入，橡胶衬板的质量也越来越好，目前，被广泛应用在国内外金属矿山企业的球磨机上[56-58]。尤其是在二段球磨或者粗精矿（中矿）再磨作业中的应用，经济效益和社会效益十分显著[59-60]。

　　磨机衬板结构的主要作用是保护磨机筒体免受磨损和将能量传递给磨矿介质。因此衬板结构设计的好坏直接影响衬板的使用寿命和磨机的工作效率。磨矿介质的运动状态决定了磨矿产品的好坏和磨矿效率的高低，而衬板的结构直接影响磨矿介质在磨机内的运动状态，因此衬板结构对磨矿介质的运动状态的影响越来越受到国内外研究人员的重视，并建立了一些数学模型和相关的计算分析方法[61-63]。Mclvor[64]提出阶梯形衬板提升条的高度对最外层磨球的运动有重要的

影响。随后，Powell 等人[65-67]采用 DEM（discrete element method）方法通过 X
射线高速相机研究了提升条各个参数对磨球的运动状态和冲击能量的影响，并提
出一种关于衬板提升条结构的设计理论。田秋娟等人[68]以 $\Phi 5.5\ m \times 8.5\ m$ 的球磨
机为研究对象，利用 EDEM 软件模拟仿真梯形衬板设计参数对球磨机磨矿效果的
影响，姚一民[69]利用有限元软件对磨球与衬板进行撞击磨损仿真分析，并得出
磨损公式，通过合理设计衬板结构来降低衬板的磨损量。

1.3.2.3 球磨模拟仿真技术发展

离散元方法是 P.A.Cundall 在 1979 年发表的一篇有关离散元素法在采矿工业
应用的文章中提出的[70]。经过 20 多年的研究，国内外在磨机破碎动力学的研究
方面取得了一定的进展。1991 年，Mishra[71-72]和 Rajamani[73]首次将离散单元法
引入球磨机介质运动的研究中。他们采用离散单元法建立球磨机介质运动的数学
模型来模拟介质运动，并开发了基于离散单元法的专门对球磨机进行相关分析的
专用软件 Millsoft。离散元仿真能够提供很多的量化数据，尤其是在介质运动分
析、功率预测、衬板的设计、碰撞能量分布等方面。

Venugopal[74]和 Mcbride[75]等研究人员用基于离散单元法软件仿真模拟了实
验室用的球磨机内物料的运动形态，并与实验结果对比分析，验证了离散单元法
的正确性。Cleary[76-77]仿真模拟了大型球磨机在不同转速率时物料的运动形态，
得到了功率消耗等的变化情况，并分析了物料粒度、摩擦系数和恢复系数与有用
功率的关系。Djordjevic[78]模拟分析了颗粒粒度、介质填充率和磨机转速率对球
磨机有用功率的影响。畅晓亮[79]应用离散单元法软件（EDEM）分析了磨机转
速率、介质填充率、球料比和介质尺寸对磨机比功率和单位质量冲击能量的
影响。

1.3.3 球磨机中物料的磨矿特性研究进展

在现代磨矿技术发展中，提出针对不同矿石性质采用不同的磨矿工艺，并认
为现代矿石磨矿流程的主要发展趋势是在磨矿过程中增加矿物解离的选择性，以
争取在最小能耗下获得最大的矿物选择性解离，并为选矿工艺提供合适粒度的矿
料。一般来说，自然界各种矿物由于晶体结构不同，造成它们的机械强度性质不
同，各种矿物有其自身的破碎特性，因此入磨矿石中各个矿物表现为不同的磨碎
行为，也就是选择性破碎现象[11]。在球磨过程中，选择性解离和有效选别很大
程度取决于矿石结构特性。充分利用矿物本身的磨矿特性进行球磨作业，以便在
最小能耗下获得最大的矿物选择性解离，提供合格的磨矿产品。但相对来说，国

内关于矿物的磨矿特性的研究资料相对较少，特别是单矿物磨矿特性的基础理论研究，有待于进一步的发展。为了了解不同矿石的磨矿特性，首先对矿石的主要矿物的磨矿特性进行磨矿试验。20世纪60年代以后，国外广泛开展的关于单矿物磨矿特性和动力学的研究，使得磨矿动力学逐渐成熟、应用和发展。事实上，实际的球磨机中磨矿过程是相当复杂的，不可能是单一的矿物进行磨矿，因此多相矿物体系是球磨研究的重点，多相矿物体系的磨矿基础研究通常又分成两个研究方向：一个方向为单粒级多相矿物的磨矿体系理论研究；另一方向是粗细粒级不同的单矿物磨矿理论研究。

1.3.3.1　窄粒级单矿物的磨矿特性研究

1973年，Herbst和Fuerstenau[80]采用干式球磨机在不同的转速、介质载荷、物料载荷等条件下对白云石进行破碎特性研究，结果发现尺寸离散的选择函数（破碎速率函数）与球磨机输入的功率系数成正比，而破裂函数（破裂分布函数）是恒定的。1980年，他们又对碳酸盐、硅酸盐类等矿物进行窄粒级单矿物球磨试验，研究不同矿物的磨矿动力学和能耗，获得了相似的结论[81]。在20世纪七八十年代研究人员针对不同物料进行干式和湿式球磨试验，获得了不同矿物的磨矿动力学参数及破裂能的估算，并对磨矿动力学方程的算法进行了完善[82-84]。1988年，Kapur和Fuerstenau[85]对方解石、石英和白云石等进行实验室球磨试验，发现能耗和破碎动力有一定的线性关系，并提出能量破裂因子（the energy split factor）的概念。2002年，Kotake和Suzuki等人[86]采用球磨研究单粒级石英玻璃、石灰岩和石膏等固体破碎速率函数。2002年，Datta和Rajamani[87]研究不同地区的石灰岩磨矿特性和球磨冲击能量分布。2009年，Ozkan，Yekeler，Calkaya等[88]研究人员对不同单粒级沸石矿进行干磨和湿磨动力学研究和对比试验。试验结果表明：无论湿磨还是干磨，都遵循一阶磨矿动力学方程，在其他环境相同的条件下，湿式球磨的破碎率函数值高于干式球磨的1.7倍，然而破碎率分布函数都几乎不变。磨矿产品粒级分布的试验数据与模拟计算结果高度吻合。

1.3.3.2　窄粒级多种混合矿物的磨矿特性研究

窄粒级多相矿物磨矿试验主要研究不同物理化学性质的矿物在磨矿过程中相互作用影响。大量的研究主要集中在单粒级二元混合矿或三元混合矿的磨矿特性研究，结果发现，二元混合矿和三元混合矿的磨矿特性基本相同。一个经典的两种矿物磨矿体系是1984年Venkataraman和Fuerstenau[89]使用方解石：石英＝1：1的混合矿物体系进行的干式球磨试验。结果发现：无论单独球磨还是在混合矿中作为一个组分，破碎率都是一级线性方程，但每个组分矿物的破碎率都随体积含量的变化而变化，当有石英存在时，方解石的磨矿速率提高；相反，当存在方解石时，石英破碎率降低。有趣的是，无论单独球磨还是混合球磨，两种矿物的破裂分布函数都不变。他们对石英和赤铁矿两相混合体系进行磨矿试验，也发现了相似的球磨试验结果。随后，Fuerstenau 等人[90]又对白云石和赤铁矿二元混合矿体系进行球磨试验，主要研究二元混合矿不同的混合比例对一个组分破碎率的影响。结果发现，白云石的破碎率随着它在混合矿中的体积含量降低而成线性降低。然而，与白云石的破碎特性相反，赤铁矿的破碎率几乎不受白云石的影响。1989 年，Kanda 和他的合作者[91]报道了石灰岩-石英的磨矿动力学特性，结果发现混合矿磨矿动力学是非线性方程，但对于石灰岩和石英矿物来说，无论单独球磨还是混合球磨，他们各自的动力学参数都不变。1995 年，Cho 和 Luckie[92]对两种煤和石英二元混合矿体系，以及石英-煤-沥青三元混合矿球磨试验的研究结果表明，无论单独磨矿还是混合磨矿，都遵循一阶破碎动力学方程。破碎速率和破碎分布函数都有变化，混合矿的磨矿产品粒级分布实验数据与模拟计算结果是一致的。

1.3.3.3　粗细粒级不同单矿物的磨矿特性研究

1981 年，学者发现球磨-1+0.85，-0.075 mm 混合粒级的煤，在球磨过程中破碎率随着细度的降低而逐渐降低[93]，1987 年，Woodburn 等[94]对不同的煤种进行粗细混合磨矿试验，也发现细粒级物料的存在直接降低了磨矿速率函数。2010年，Fuerstenau 和 Abouzeid 等人[95]对石英和石灰岩分别进行干式球磨试验，主要目的是研究存在细粒级矿物时，粗粒级矿物的球磨动力学和能耗问题。发现粗细粒级不同的配比直接影响着破碎率和破碎能量的变化。研究结果表明，混合矿中粗粒级组分的累计分布函数并没有改变。粗粒级的破碎率函数随着细粒比例的增加而增加。2011 年，Fuerstenau 等人[96]分别对石英、白云岩和石灰岩进行粗、细混合体系球磨和模拟仿真研究，与他们2010年研究的结果相似。另外，他们还发现获得的细粒级产品和粗粒级的筛上产品可以使用消耗的破碎能因子规范化，用一个修正的破碎率函数去模拟球磨的试验，试验数据和模拟结果是一样的。

1.3.3.4　矿石的磨矿特性研究

自然界的矿物岩石，由于成矿的地质条件或成因不同，常常也导致不同地方产出的同种矿石在力学性质上表现不同，因此仅仅对单矿物进行球磨研究是远远不够的，对实际矿石的磨矿特性进行研究也是相当必要和必须的。只有对实际矿石的磨矿特性进行研究，才能制定实际合理的破碎磨矿工艺条件。Sand, Subasinghe 等[97] 2004年报道采用新的估算磨矿参数方法，对不同粒级的硫化金矿的磨矿特性进行试验，并确定了现场的球磨工艺流程及磨机大小类型等。Austin，Julianelli 等[98] 在2007年报道了对巴西的卡拉加斯（Carajas）铁矿进行实验室干磨和湿磨及扩大湿式球磨试验研究。试验结果表明，无论干磨还是湿磨，试验结果均为一阶磨矿动力学，但是，获得的破碎率及分布函数不能规范化，这种现象可能是由该矿本身的磨矿特性导致的，试验数据与计算模拟结果一致。2008年，Coello Velázquez，Menéndez-Aguado，Brown 等[99] 对古巴东北地区的红土镍矿进行了磨矿特性研究。试验研究了红土镍矿中的蛇纹石和褐铁矿的磨矿特性，以及对含镍-钴氧化矿的磨矿影响，确定了主要矿物的破碎分布函数和破碎速率（选择）函数及邦德功指数。2013年，Chimwani，Glasser 等[100] 发表了关于确定南非铂矿的磨矿参数及优化磨矿产品的粒度分布的研究。这个研究是在标准的实验室条件下进行的球磨实验，通过采用三种单粒级铂矿（−0.85+0.6，−0.6+0.425，−0.425+0.3 mm）与不同介质球径（10，20，30 mm）在不同的磨矿时间条件下进行球磨试验。通过获得磨矿参数利用总体平衡方程进行模拟计算，得到的计算结果与试验数据高度一致。这证实了获得的破碎参数是正确的，为优化磨矿工艺提供了理论依据。2015年，Danha 和 Hildebrandt 等人[101] 通过实验室湿式小型球磨机对窄粒级 UG2 矿石进行分批磨矿试验，研究该矿的磨碎行为特性。根据试验获得的该矿的破碎动力学数据，进一步了解该矿的破碎过程；通过试验结果获得该矿破碎动力学模型，能准确地预测该矿的破碎行为，通过改进的磨矿工艺使硬度不同的矿物进行有效的选择性分离。

1.4 研究意义、目的和主要内容

1.4.1 研究的意义及目的

东鞍山铁矿经过多年的开采，不同矿区矿物组成的差异较大，因此生产中给矿的组成经常发生变化。近几年的生产结果统计表明，随着开采深度的增加，矿石中碳酸铁含量逐年增加。目前东鞍山烧结厂选矿车间采用"连续磨矿、中矿再磨、重选-强磁-分步浮选"选矿工艺流程处理含碳酸铁较多的铁矿石，取得了一定的效果，但生产实践表明，碳酸铁的出现对东鞍山铁矿石的球磨指标影响极大，随着碳酸铁含量的增加，磨矿产品出现粒度分布不均、可选粒级范围内铁矿物单体解离较低、微细粒铁矿物含量高等问题，导致在后续选别过程中尾矿品位

较高、指标不稳定及精矿品位不高等。

本书的目的是系统地研究东鞍山含碳酸盐铁矿石的磨矿特性，利用矿物的界面和晶体化学、磨矿动力学等理论基础知识，探明在磨矿过程中主要矿物的磨矿特性、矿物的粒级分布特点及各矿物之间的相互作用影响，对该矿的磨矿特性进行系统地基础研究，阐明东鞍山铁矿石在球磨过程中磨矿产品的粒度分布特点、铁矿物在各粒级中的含量及单体解离度等磨矿特性。为制定科学合理的球磨工艺流程或磨矿技术路线提供理论依据，从而最大限度地提高东鞍山铁矿物可选粒级内铁矿石单体解离度和产率，减少铁矿物欠磨和过磨现象，为后续选别作业提供合格的磨矿产品。

1.4.2 主要研究内容

本书根据东鞍山铁矿石本身的矿石特性，对东鞍山铁矿石主要矿物进行磨矿动力学研究，从矿物的磨矿特性机理分析，查明主要矿物的磨碎特点，以及各种矿物混合磨矿时，不同矿物之间的相互作用影响，各矿物的粒度分布规律，并采用DLVO理论对矿物之间在磨矿过程中的相互作用机理进行理论计算。另外，通过总体平衡磨矿动力学方程，确定实际矿石的磨矿特性参数，对东鞍山矿进行球磨工艺参数优化，确定东鞍山铁矿石的磨矿动力学参数、破碎能的分布、磨矿产品的粒级分布等。

本书的主要研究内容如下。

① 采用光学显微镜、XRF、XRD、SEM等手段在分析东鞍山难选铁矿的化学组成、矿物组成、结晶粒度、共生关系等工艺矿物学特性研究基础上，结合物理化学、矿物学、矿物晶体化学基础知识对其进行理论分析和机理探讨。

② 东鞍山铁矿石中主要矿物（石英、赤铁矿、菱铁矿、绿泥石）的磨矿特性研究。采用实验室球磨试验窄粒级单矿物进行分批湿式球磨试验，研究主要矿物的磨矿动力学特性，确定每个矿物的磨矿动力学参数及粒级分布特性。

③ 通过对窄粒级主要矿物两相、三元混合矿及人工（四元）混合矿磨矿特性的机理研究，确定在磨矿过程中混合矿的磨矿特性、动力学参数，以及混合矿中每种单矿物的磨矿动力学特性。查明在混合磨矿时，各单矿物之间在磨矿过程中的相互作用影响，阐明各矿物在混合磨矿时，它们的磨矿特性参数及粒级的分布变化。

④ 研究主要矿物在磨矿过程中的相互作用机理。使用Zeta电位仪、激光粒度仪等检测分析设备，应用界面胶体化学中的经典DLVO理论，计算磨矿的矿浆

中，微细粒菱铁矿、绿泥石与石英、赤铁矿之间的相互作用能，从理论上分析磨矿过程中微细粒菱铁矿、绿泥石分别与石英和赤铁矿的相互作用机理，从理论上分析球磨东鞍山铁矿石过程中球磨产品的粒度分布特性和矿物在各粒级中的分布情况，探明东鞍山铁矿石易泥化矿物和产品粗细分布不均的原因。

⑤采用尺寸离散，时间连续总体平衡动力学平衡模型（PBM）对不同粒级的东鞍山铁矿石进行分批球磨试验，获得该铁矿石的动力学参数。利用离散单元法，建立实验室磨矿计算模型，通过计算获得东鞍山铁矿石的磨矿动力学特性参数及磨矿产品在各个粒级中的分布。同时，实验室磨矿试验对料球比、球径大小配比、矿浆浓度等磨矿工艺参数调整，获得适宜的磨矿工艺条件，并采用PBM对自然粒级分布的东鞍山铁矿石进行理论计算。

第2章 试验样品、设备与研究方法

2.1 试验样品

试验样品包括赤铁矿、石英、绿泥石和菱铁矿四种单矿物及东鞍山含碳酸盐铁矿石。

2.1.1 单矿物样品制备

根据东鞍山铁矿石中主要矿物的特点,试验所用的单矿物有赤铁矿、石英、绿泥石和菱铁矿,试验制备每一种单矿物的质量都不少于25 kg。其中,赤铁矿富块矿由海南矿业股份有限公司提供,石英由东北大学矿物加工系实验室提供,绿泥石来自辽宁省海城市瑞通矿业有限公司,菱铁矿富块矿由新疆某矿山企业提供。

赤铁矿和菱铁矿富块矿分别采用实验室颚式破碎机-对辊破碎机破碎至-2 mm,并分别取样进行化学多元素和X射线衍射分析(X-ray diffraction,简称XRD),然后使用标准套筛在振筛机上筛分20 min,获得-2 + 1.19,-1.19 + 0.5,-0.5 + 0.25,-0.25 + 0.15,-0.15 mm五个粒级产品。

石英块矿通过颚式破碎机破碎后,手选纯度较高的小块矿,经实验室台式圆盘破碎机破碎至-2 mm,然后经2%左右的盐酸溶液酸浸48 h,再通过自来水多次冲洗至中性,最后烘干并取样进行化学多元素和XRD分析。烘干后的-2 mm石英再经标准套筛筛分20 min,获得-2 + 1.19,-1.19 + 0.5,-0.5 + 0.25,-0.25 + 0.15,-0.15 mm五个粒级产品。

绿泥石经水洗去除矿石表面的矿泥,自然晾干后采用实验室颚式破碎机-台式圆盘破碎机破碎至-2 mm,并取样对其进行化学多元素和XRD分析,然后使用标准套筛在振筛机上筛分20 min，获得−2 + 1.19，−1.19 + 0.5，−0.5 + 0.25，−0.25 + 0.15，−0.15 mm五个粒级产品。

　　四种单矿物的化学多元素分析结果见表2.1至表2.4。XRD图谱分析结果见图2.1至图2.4。综合检测结果分析表明，赤铁矿的纯度为87.94%，赤铁矿中含有少量石英和硅酸盐类矿物，其中亚铁的含量极少；石英的纯度在95%以上，石英中杂质含量较少；绿泥石的纯度在90%以上，绿泥石中含有少量的菱沸石；菱铁矿的纯度为86.89%，菱铁矿中含有少量亚铁硅酸盐类矿物。

表2.1　赤铁矿单矿物化学多元素分析结果（质量百分比）

TFe	FeO	SiO₂	Al₂O₃	CaO	MgO	P	S
61.56%	0.03%	8.04%	1.34%	0.61%	0.20%	0.11%	0.05%

表2.2　石英单矿物化学多元素分析结果（质量百分比）

SiO₂	Al₂O₃	TFe	CaO	MgO	S	P
95.16%	0.680%	0.021%	0.130%	0.020%	<0.001%	—

表2.3　绿泥石单矿物化学多元素分析结果（质量百分比）

SiO₂	MgO	Al₂O₃	CaO	TFe	P	S
36.26%	31.82%	15.76%	1.07%	1.80%	—	—

表2.4　菱铁矿单矿物化学多元素分析结果（质量百分比）

TFe	FeO	SiO₂	Al₂O₃	CaO	MgO	MnO	S	P
41.95%	50.77%	6.95%	0.43%	3.30%	2.23%	3.59%	0.17%	—

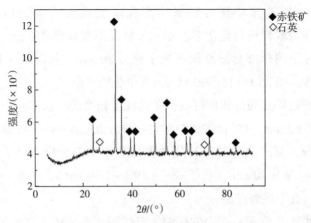

图2.1　赤铁矿单矿物的XRD分析图谱

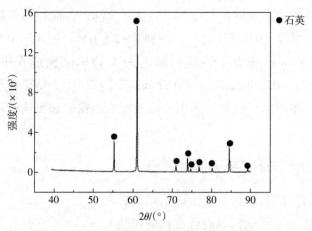

图2.2　石英单矿物的XRD分析图谱

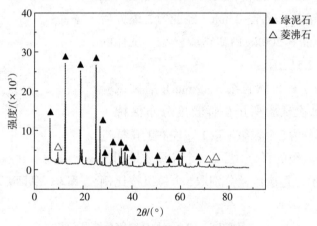

图2.3　绿泥石单矿物的XRD分析图谱

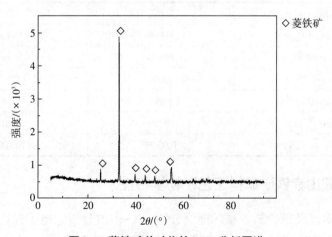

图2.4　菱铁矿单矿物的XRD分析图谱

由于磨矿试验所需要的矿样量较大（大于 25 kg），能作为单矿物的赤铁矿和菱铁矿两种富块矿也不容易获取，特别是-2 + 1.15，−1.15 + 0.52 mm 粒级的赤铁矿和菱铁矿单矿物更不容易制取，为了磨矿试验过程中矿样的一致性，−0.5 + 0.252，−0.25 + 0.152，−0.152 mm 三个粒级的赤铁矿和菱铁矿也没有进行提纯试验。本书磨矿试验中采用较低纯度的赤铁矿和菱铁矿近似作为单矿物使用。

2.1.2 东鞍山赤铁矿矿样来源及制备

试验所用的铁矿石取自东鞍山烧结厂破碎车间，共采集矿样 2 t，手选出具有代表性的矿块约 20 kg 用于工艺矿物学分析，其余矿样采用颚式破碎机−对辊破碎机破碎至−2 mm。经混匀、缩分后取 2 kg 检测样品和 200 kg 磨矿试验样品。试样的制备流程如图 2.5 所示。

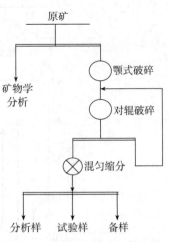

图2.5　实际矿石试样制备流程

对东鞍山矿样自然粒级（−2 mm）磨矿试验时，为了使每次试验所用矿样粒度分布保持一致，将原料筛分为 5 个粒级。取 1 kg 左右的矿样进行筛分确定各粒级的百分含量，5 个粒级质量和产率如表 2.5 所示，每次试验分别取 5 个粒级按比例配料。

表2.5　−2 mm 原矿样筛分结果

粒级/mm	质量/g	产率
−2+1.19	313.06	31.13%
−1.19+0.5	343.54	34.16%
−0.5+0.25	81.08	8.06%
−0.25+0.15	68.83	6.84%
−0.15	199.21	19.81%
合计	1005.72	100.00%

2.1.3 东鞍山赤铁矿矿样工艺矿物学特性

借助光学显微镜分析、微区能谱分析、X−衍射分析、电子探针微区定量分析、热重差热分析等对矿石的化学成分，矿物组成及含量，嵌布特征，矿物的微观结构、粒度、元素的赋存状态和元素分布率进行深入研究，得出该矿石的工艺矿物学特性。其主要目的是获取必要的对矿石开采和选别工艺研究有指导意义的各类矿物学基础资料，为制订选矿工艺方案和实现工艺过程优化提供科学依据[102~104]。

2.1.3.1　矿石化学分析

为查明东鞍山铁矿石中的元素组成，对矿样进行了 X 射线荧光光谱分析（XRF）和化学多元素分析，分析结果分别见表 2.6 和表 2.7。

表 2.6　矿样的 XRF 光谱分析（质量百分含量）

SiO$_2$	Fe$_2$O$_3$	Al$_2$O$_3$	MgO	CaO	MnO	SO$_3$	K$_2$O	P$_2$O$_5$	Na$_2$O	Cr$_2$O$_3$
60.4454%	36.3063%	1.1585%	0.3604%	0.6793%	0.5447%	0.0846%	0.1223%	0.1283%	0.1476%	0.0226%

表 2.7　矿样的化学多元素分析结果（质量百分比）

TFe	FeO	SiO$_2$	Al$_2$O$_3$	CaO	MgO	S	P
33.45%	3.73%	48.68%	1.20%	0.40%	0.28%	0.03%	0.02%

由表 2.6 和表 2.7 综合分析结果表明，矿石为高硅、贫铁、低硫的铁矿石，矿样中的主要金属元素为铁，其中 TFe 含量为 33.45%，FeO 的含量仅为 3.73%；有害杂质元素硫、磷的含量很低；从表 2.7 中可知，SiO$_2$，Al$_2$O$_3$，CaO 等的含量分别为 48.68%，1.20%，0.40%，由此推断脉石矿物主要为石英及少量的铝硅酸盐类和碳酸盐类矿物。

2.1.3.2　矿石的矿物组成及含量

东鞍山铁矿石矿样的 XRD 分析和各矿物相对含量分析结果分别见图 2.6 和表 2.8。

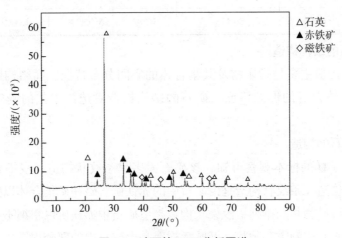

图 2.6　矿石的 XRD 分析图谱

XRD结果分析（见图2.6）可以看出，矿样中的主要矿物是赤铁矿、石英和少量的磁铁矿，由于其他矿物含量较少，在XRD图谱中无法显示。表2.8给出了矿样的矿物组成及含量的检测结果。

表2.8　矿石中矿物组成及含量（质量百分比）

赤铁矿	磁铁矿	褐铁矿和针铁矿	黄铜矿	黄铁矿	碳酸盐矿物	石英	绿泥石	阳起石	磷灰石
39.65%	4.04%	2.50%	0.06%	0.02%	6.45%	40.30%	4.30%	2.15%	0.53%

由表2.8可知，该铁矿石矿物组成较复杂，金属矿物主要为铁矿物和少量的硫化物。铁矿物主要是赤铁矿、磁铁矿、褐铁矿和针铁矿，其中赤铁矿和磁铁矿为主要回收矿物，含量分别为39.65%和4.04%，褐铁矿和针铁矿合计含量仅为2.50%；另外，金属硫化物有黄铜矿和黄铁矿，含量均较少。非金属矿物主要为石英、碳酸盐矿物和绿泥石，含量分别为40.30%、6.45%和4.30%，另有少量阳起石和磷灰石。

2.1.3.3　矿石中的铁物相分析

为了确定铁矿物中铁的赋存状态，对该矿样进行了铁物相分析，分析结果如表2.9所示。由表2.9可以看出，该矿石中的铁主要赋存于赤（褐）铁矿中，占到了86%左右，是主要回收的目的矿物；磁性铁占全铁含量的8.79%；碳酸铁中的铁也占到了3.29%；在硫铁矿和硅酸铁等物相中铁的总量仅占2%左右。

表2.9　矿石中铁的化学物相分析

铁存在相	磁性铁中铁	赤（褐）铁矿中的铁	碳酸铁中铁	硫化铁中铁	硅酸铁中铁	总量
铁含量	2.91%	28.63%	1.09%	0.27%	0.35%	33.11%
分布率	8.79%	86.47%	3.29%	0.82%	1.06%	100.00%

2.1.3.4　矿石的结构构造

矿石的构造主要是指矿物及其集合体的空间分布特征，而结构则主要是指矿物及集合体自身的形态特征。矿石的结构构造对选矿工艺的确定有重要的影响。

（1）矿石的构造

通过对矿样的标本观察可知，该矿石大多呈条纹状构造，浸染状构造和脉状、网脉状构造。条纹状构造是由矿石中的赤铁矿、磁铁矿集合体以宽窄不一的条纹状与脉石矿物相间排列；浸染状构造是由矿石中赤铁矿以粗细不等的细粒状浸染分布在脉石矿物中。脉状、网脉状构造是由矿石中的部分褐铁矿一组或几组穿插在赤铁矿和石英的颗粒间和裂隙中，且彼此相切。

（2）矿石中主要矿物的结构

矿石中各矿物颗粒的自身形态特征对矿物的解离有重要的影响，在本矿样中主要表现为：赤铁矿的半自形粒状结构，赤铁矿的假象结构，磁铁矿的残余结构，两种及两种以上矿物之间交代结构、填隙结构和包含结构等。

2.1.3.5 矿石中主要矿物的嵌布特征

（1）赤铁矿

赤铁矿与磁铁矿的嵌布关系十分密切，矿石中的大部分赤铁矿为磁铁矿的次生产物，属假象赤铁矿，赤铁矿的嵌布粒度见图2.7。

矿石中的赤铁矿大部分以半自形粒状［见图2.7（a）］、不规则状产出［见图2.7（b）］，呈浸染状分布在脉石中［见图2.7（c）（d）］，另外，呈稠密浸染状分布的赤铁矿颗粒与呈稀疏浸染状分布的赤铁矿颗粒交迭排列，形成隐条带状构造［见图2.7（e）］，少量呈片状［见图2.7（f）］、蜂窝状［见图2.7（g）］和土状［见图2.7（h）］。赤铁矿的浸染粒度以细粒嵌布为主，粗细较均匀，部分赤铁矿的粒度呈微粒嵌布，包裹在石英等非金属矿物中，不利于单体解离。在部分标本中可见到赤铁矿与磁铁矿沿磁铁矿的边缘和裂隙对磁铁矿进行交代，在磁铁矿中

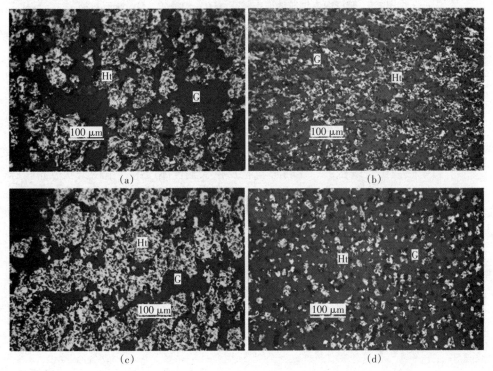

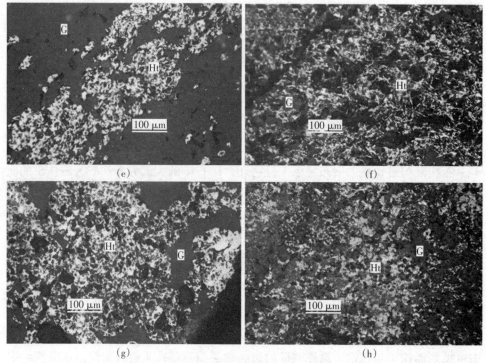

图2.7　矿样中赤铁矿的嵌布特征（**Ht**：赤铁矿，**G**：脉石）

呈细脉状、细粒状分布，与磁铁矿形成不混溶连晶，有的交代作用较强烈，磁铁矿仅有少量残余体颗粒包裹在赤铁矿中甚至完全交代磁铁矿。部分赤铁矿的粒间和边缘被褐铁矿以细脉状充填胶结，表面覆盖一层褐铁矿薄膜，有的颗粒自内向外蚀变为褐铁矿，有的赤铁矿以细小的粒状分布和包裹在褐铁矿中。有少量赤铁矿的粒间和孔隙中嵌布和充填细粒的黄铜矿和黄铁矿颗粒。

（2）磁铁矿

矿石中磁铁矿多以自形、半自形粒状及粒状集合体产出，呈浸染状分布在脉石中，受后期地质作用，多蚀变为（假象）赤铁矿。磁铁矿的嵌布特征如图2.8所示。

赤铁矿包围在磁铁矿的外表和充填磁铁矿的孔隙中，二者形成不混溶的连晶，有的被赤铁矿强烈交代［见图2.8（a）（b）（c）（d）］，仅残余少量细小的磁铁矿颗粒包裹在赤铁矿中，难以找到晶形完好的颗粒。磁铁矿的浸染粒度以细粒嵌布为主，较均匀，集合体粒度较粗大［见图2.8（a）］。部分磁铁矿在矿石中呈条带状与脉石矿物相间，各层平行排列，延伸方向大致相同，呈条纹状构造［见图2.8（c）］。

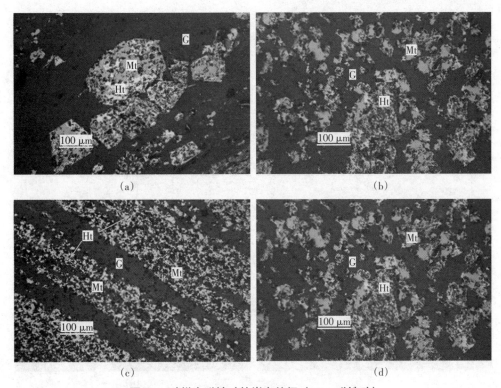

图2.8 矿样中磁铁矿的嵌布特征（Mt：磁铁矿）

（3）其他铁矿物

褐铁矿含量不多，且分布较集中，仅在少量标本中见有褐铁矿分布。褐铁矿主要以粒状、不规则状、脉状产出，粒度极不均匀。褐铁矿常沿赤铁矿的颗粒间隙充填胶结，并包裹赤铁矿，有的以薄膜状覆盖在赤铁矿颗粒的表面，有的以细脉状充填在矿石中。针铁矿在矿石中含量较少，主要呈粒状、不规则状及集合体产出，与褐铁矿密切共生，二者常形成混溶连晶的颗粒。另外，黄铜矿和黄铁矿在矿石中含量很少，主要以细小的晶粒充填在赤铁矿中和分布在赤铁矿附近的脉石中，并常与磁铁矿颗粒接触，粒度十分细小，分布较集中。

（4）主要脉石矿物

脉石矿物主要是石英、碳酸盐类、绿泥石类等。嵌布特征如图2.9所示。由图2.9看出，石英为矿石中的主要非金属矿物，含量较高，多以自形、半自形粒状形成的集合体产出［见图2.9（a）］，粒度较均匀，晶粒中包裹一些细粒、微量的铁矿物，粒间常充填碳酸盐矿物和绿泥石等［见图2.9（b）（c）］，少量石英包裹在碳酸盐矿物和绿泥石中。碳酸盐矿物多呈粒状、不规则状及集合体产出，粒度不均匀，有的呈脉状充填在石英集合体的缝隙中［见图2.9（b）（d）］，部分碳

图2.9　矿样中主要脉石的嵌布特征（**Q**：石英，**Cal**：碳酸盐类，**Chl**：绿泥石）

酸盐矿物中包裹细粒的石英和绿泥石等颗粒［见图2.9（e）(f)］。绿泥石以呈片状和鳞片状集合体产出，主要镶嵌分布在石英的粒间［见图2.9（c）(d)］，少量细粒绿泥石包裹在碳酸盐矿物中［见图2.9（f）］，有的包裹细粒石英颗粒。

2.1.3.6　矿石中主要铁矿物粒度特性

　　矿石中矿物的结晶粒度不仅是制定磨矿工艺流程的重要依据，也是确定有用矿物的选别工艺流程的基础物理性质。该矿样中的金属矿物"赤铁矿和磁铁矿"为主要回收对象。由于磁铁矿含量较少，为方便计算，可以将赤铁矿和磁铁矿合并计算，铁矿物的粒级分析结果见表2.10。

表2.10 铁矿物粒度分布组成

粒级/mm	+0.15	−0.15 +0.10	−0.10 +0.075	−0.075 +0.053	−0.053 +0.037	−0.037
含量	11.63%	7.14%	15.03%	20.44%	25.96%	19.80%
累计	11.63%	18.77%	33.80%	54.24%	80.20%	100.00%

从表2.10中可知，赤铁矿和磁铁矿在−0.075 mm粒级中的分布率为66.2%，在−0.037 mm粒级中的分布率达到了19.80%，可见铁矿物的浸染粒度以细粒嵌布为主，且两种矿物在细粒和微粒级中含量较高，不利于单体解离。

2.2 主要试验药剂、仪器和试验设备

试验所需要的主要药剂见表2.11，主要仪器与设备见表2.12。

表2.11 试验主要药剂

药剂名称	分子式	规格	生产厂家
盐酸	HCl	分析纯	天津科密欧药剂厂
氢氧化钠	NaOH	分析纯	天津科密欧药剂厂
氯化钾	KCl	分析纯	天津科密欧药剂厂
氯化铁	$FeCl_3 \cdot 6H_2O$	分析纯	天津科密欧药剂厂
氯化钙	$CaCl_2$	分析纯	天津科密欧药剂厂

表2.12 试验主要仪器与设备

名称	型号	生产厂家
颚式破碎机	XPC 150 × 200	湖北武汉探矿机械厂
对辊破碎机	MPG-Φ60 mm × 100 mm	湖北武汉探矿机械厂
圆盘粉碎机	MP-Φ1175	湖北武汉探矿机械厂
顶击式标准筛振筛机	SDB−200	柳州探矿机械厂
三头研磨机	XPM-Φ150 mm × 3 mm	湖北武汉探矿机械厂

表 2.12（续）

名称	型号	生产厂家
滚筒球磨机	MQJ-Φ100 mm × 150 mm	东北大学
滚筒球磨机	QBXG-2	敖汉兴隆科技发展有限责任公司
立式超细搅拌磨机	SLJM-2L	湖南长沙清河机械厂
电热鼓风干燥箱	DGFF30/4-ⅡA	南京试验仪器厂
超声清洗机	H66025T	无锡超声电子设备厂
标准检验套筛	50GB6003-97	浙江省上虞纱筛厂
光学显微镜	BA200POL	日本奥林巴斯公司
酸度计	pH-25	上海雷磁分析仪器厂
电子天平	UW220H	SHIMADZU CORPORATION
专用超纯水机	RM-200	四川沃特尔科技开发有限公司
激光粒度分析仪	Malvern2000	英国马尔文公司
Zeta电位测定仪	Malvern Nano-ZS90	英国马尔文公司
X射线衍射仪（XRD）	PW3040/60	荷兰 PANLI/TICALB.V

2.3 研究方法

本节介绍主要试验和检测的具体操作方法；另外，对磨矿总体平衡动力学模型的理论推导和磨矿特征参数的主要求解方法进行了简要的分析计算。

2.3.1 试验与检测方法

2.3.1.1 试样的真密度测定

密度是物体的基本属性之一，各种物质具有确定的密度值，它与物质的纯度有关，工业上常通过物质的密度测定进行分析和纯度鉴定。本书采用比重瓶法测定矿样的真密度，测出各种矿样的真密度如表2.13所示。

表 2.13 矿样的真密度测试结果

矿样	石英	赤铁矿	菱铁矿	绿泥石	东鞍山矿样
测定密度/(g·cm^{-3})	2.65	4.77	3.74	2.67	3.51
理论密度/(g·cm^{-3})	2.5~2.8	4.9~5.3	3.7~4.5	2.6~3.3	—

2.3.1.2　试样的堆积密度测定

磨矿过程中，加入多少物料，首先必须确定物料的堆积密度（松散密度）。实验室测定各种矿样的堆积密度如表2.14所示。

表2.14　矿样的堆积密度测试结果

矿样	石英	赤铁矿	菱铁矿	绿泥石	东鞍山矿样
堆积密度/(g·cm⁻³)	1.58	2.68	2.23	1.56	1.86
理论堆积密度/(g·cm⁻³)	1.6~1.7	2.5~3.0	2.28	1.6~1.8	—

2.3.1.3　球磨试验中矿样质量的确定

确定球磨工艺时，矿样质量的添加一般是通过磨机内料球比进行计算获得，本书球磨试验所用矿样的质量由下式确定：

$$W = V \times \phi \times 0.38 \times \phi_m \times \delta_{物}　　　　(2.1)$$

式中，W 为磨矿所用的矿样质量，单位为kg；V 为磨机的有效容积，单位为L；ϕ 为磨机的充填率；ϕ_m 为料球比（物料体积与介质钢球间隙体积之比）；$\delta_{物}$ 为矿样的松散密度，单位为 kg/m³。

2.3.1.4　球磨试验

本书实验室球磨试验是采用分批开路湿式球磨工艺，磨矿前，使球磨机空转3 min 后，清洗球磨机和磨矿介质。试验时，现将清洗干净的磨矿介质装入干净的磨机中，根据磨矿的试验条件，加入确定的矿样，然后均匀加入合适的水量，准确控制磨矿时间。磨矿结束后，打开磨机盖，将矿浆小心地倒入一个带接球筛的容器中，并用洗瓶将磨机清洗干净。把容器放入冲洗水下面，提起接球筛，边摇动接球筛边用清洗水洗球，直至洗净。将所得的矿浆沉淀、过滤、烘干，获得磨矿产品并称重（磨矿产品的损失不高于球磨给料的1%）。最后对磨矿产品进行筛分试验，获得磨矿产品的粒级分布。

2.3.1.5　筛分试验

用标准套筛把物料分成若干粒级，为了获得准确的筛分粒度，−2 + 0.1 mm物料用干筛方法，−0.1 + 0.45 mm物料用湿筛方法，−0.045 mm 的物料采用激光粒度分析。

干法筛分：先将标准筛按顺序套好，把样品倒入最上层的筛子（2 mm 筛孔）上，盖好上盖，−0.1 mm物料通过标准的不锈钢盘收集，放入振筛机上筛分15 min。

−0.1 mm 的物料使用干湿联合筛分：取50 g 左右的物料首先放入标准筛子

25

（-0.045 mm）中，在水盆内进行筛分，每隔1～2 min将水盆内的水更换一次，直到水盆内的水不再浑浊为止。将筛上物料和筛下物料进行烘干和称重，然后再将干燥后的筛上物料进行干法筛分，所得的筛下物料与湿筛时所得的筛下物料合在一起称重，各粒级总量与原物料质量之差，不得超过原物料质量的1%。

-0.045 mm的物料采用马尔文-2000型激光粒度仪进行分析。按照仪器的操作规程进行湿法测量。每个样品的测量次数不少于3次，最后取平均值。

2.3.1.6　X射线衍射分析

通过X射线衍射分析，确定所测物料的物相组成。试验采用的X射线衍射分析仪是荷兰PANSLI/TICB.V公司的PW3040型X'Perd Pro多晶X射线仪设备，测试工作参数：Cu靶Kα，管电压为40 kV，管电流为300 mA，扫描为10°/min，扫描范围$2\theta = 5°{\sim}95°$，工作温度为25℃。

2.3.1.7　矿样的动电位测定

本书为了确定矿物颗粒在不同离子浓度和不同pH值溶液条件下的表面动电位，试验使用马尔文公司Nano-ZS90型Zeta电位分析仪进行矿物的Zeta电位测试。将矿样磨至粒度全部小于10 μm，取20 mg矿样放入50 mL烧杯中，然后加入40 mL配制好的电解质溶液（$1 \times 10^{-3} mol \cdot L^{-1}$ KCl溶液、$1 \times 10^{-3} mol \cdot L^{-1}$ KCl + $1 \times 10^{-3} mol \cdot L^{-1}$ CaCl₂或$1 \times 10^{-3} mol \cdot L^{-1}$ KCl + $1 \times 10^{-3} mol \cdot L^{-1}$ FeCl₃），用HCl或NaOH调节pH值，用磁力搅拌器搅拌5 min后，静置1 min，使用注射器吸取上层悬浮溶液，注入样品槽中，放入Zeta分析仪中测量矿物表面的动电位，每个样品重复测量不少于5次，结果取动电位值的平均值。

2.3.2　磨矿总体平衡动力学模型及特征参数的求解

随着磨矿技术和自动控制技术的不断发展，特别是计算机的推广应用，磨矿数学模型的研究和应用也受到相关研究人员的重视。1948年，Epstein[105-106]利用统计学原理研究物料的破碎规律，在此基础上首次提出了两个最重要的概念：破碎速率函数（选择函数或破碎速率）S和破裂分布函数B。随后，1956年Broadbent和Calltt等人[107]在Epstein破碎理论的基础上提出了破裂矩阵模型。这个研究对以后用数学方法描述离散的物料及粉碎过程有着很重要的意义。

破碎过程是一个粗粒级物料减少的过程，可以引用化学动力学方程中的反应动力学方程，引入一个磨矿动力学模型。在实际中应用最广泛的是一级磨矿动力学方程，磨矿一阶动力学基本方程式为[9]

$$\frac{\mathrm{d}y}{\mathrm{d}t} = -ky \tag{2.2}$$

式中，y 为经过磨矿时间 t 后粗粒级物料的残留量，t 为磨矿时间，k 为由矿物性质及磨矿条件决定的比例常数。

2.3.2.1　磨矿总体平衡动力学模型

基于磨矿过程中物料平衡原理，根据破碎速率函数和破碎分布函数的概念和一阶动力学磨矿方程，研究人员提出了多种球磨机磨矿动力学方程[108-114]，如综合模型、理想混合模型及总体平衡动力学模型（population balance modeling, PBM）。尤其总体平衡动力学模型被广泛应用，不仅能作为工具来优化、模拟仿真，设计球磨机和球磨工艺，而且也可以揭示球磨过程中的破碎机制[115-118]。该动力学模型是根据物料平衡原理，在分批磨矿过程中，既没有物料加入也没有物料排出，因此某个粒级在磨机内的变化速率等于生成速率减去消失速率，综合矩阵模型和磨矿动力学，得到分批磨矿时间连续−粒度离散的总体平衡模型为[119]

$$\frac{\mathrm{d}m_i(t)}{\mathrm{d}t} = -S_i(t) \times m_i(t) + \sum_{j=1}^{i-1} b_{ij} S_j(t) m_j(t) \tag{2.3}$$

式（2.3）用矩阵形式表示为

$$\frac{\mathrm{d}}{\mathrm{d}t}
\begin{pmatrix} m_1(t) \\ m_2(t) \\ m_3(t) \\ \vdots \\ m_n(t) \end{pmatrix}
=
\begin{pmatrix}
-S_1 & 0 & 0 & \cdots & 0 & 0 \\
b_{21}S_1 & -S_2 & 0 & \cdots & 0 & 0 \\
b_{31}S_1 & b_{32}S_2 & -S_3 & \cdots & 0 & 0 \\
\vdots & \vdots & \vdots & & \vdots & \vdots \\
b_{n1}S_1 & b_{n2}S_2 & b_{n3}S_3 & \cdots & b_{n(n-1)}S_{n-1} & -S_n
\end{pmatrix}
\times
\begin{pmatrix} m_1(t) \\ m_2(t) \\ m_3(t) \\ \vdots \\ m_n(t) \end{pmatrix}
\tag{2.4}$$

式（2.3）中，$m_i(t)$ 为 t 时刻第 i 粒级的含量（产率）；$S_i(t)$ 为破碎速率函数，单位为 $\mathrm{min^{-1}}$；b_{ij} 为破裂分布函数，表示从给料第 j 粒级粉碎至产品中第 i 粒级的产率；$i = 1，2，3，\cdots，n$；$j = 1，2，3，\cdots，n(i > j)$。为了方便表述和计算，总体平衡动力学模型中的破碎分布函数 b_{ij} 常用累积破碎分布函数 B_{ij} 表示，即

$$B_{ij} = \sum_{k=n}^{i} b_{k,j} \tag{2.5}$$

因此，B_{ij} 表示为给料中第 j 粒级破碎后形成的产品中小于 i 粒级的累积产率。在1965年，Reid[120] 给出了方程式（2.3）的分析解得

$$m_i(t) = \sum_{j=1}^{i} A_{ij} \exp(-S_j t) \tag{2.6}$$

式中的系数 A_{ij} 由下式计算得出

$$A_{ij} = \begin{cases} 0 & i < j \\ m_i(0) - \sum\limits_{k=1}^{i-1} A_{ik} & i = j \\ \dfrac{1}{S_i - S_j} \sum\limits_{k=1}^{i-1} b_{ik} S_k A_{kj} & i > j \end{cases} \tag{2.7}$$

式中，$m_i(0)$ 为磨机的给料中第 i 粒级的含量。对于最粗粒级物料或者窄级别单粒级物料磨碎时，即第一粒级物料 $i = 1$，式（2.3）或式（2.4）可以简化为

$$\frac{dm_1(t)}{dt} = -S_1(t) \times m_1(t) \tag{2.8}$$

式中，$m_1(t)$ 为 t 时刻第一粒级的质量分数（产率），$S_1(t)$ 为第一粒级的破碎速率函数。当破碎速率函数 S_1 与磨矿时间无关，即物料的磨矿过程符合一级线性动力学模型时，对于单粒级物料可知 $m_1(0) = 1$，将式（2.8）积分求解可以获得

$$\ln(m_1(t)/m_1(0)) = -S_1 t \quad \text{或} \quad \ln(m_1(t)) = -S_1 t \tag{2.9}$$

可见，式（2.9）就是常见的磨矿一阶动力学方程，即磨矿试验结果 $m_1(t)$ 的对数结果作为磨矿时间 t 的函数，它们的关系应为直线关系，且直线的斜率即为破碎速率函数 S_1。

2.3.2.2　特征参数的求解

为求解方程式（2.3）或式（2.4），首先必须求出参数 S_i 和 b_{ij}。关于参数 S_i 和 b_{ij} 的特性及测定，许多学者做了详细的研究计算，提了许多参数估算方法 [9, 80, 82, 89, 121-126]。本书主要采用以下几种求法：① 零阶产出法；② L.G.奥斯汀-P.T.勒基理论简算法（又叫预估-反算法）；③ Kapur 的 G-H 算法；④ 经验公式法。

（1）零阶产出法

零阶产出法假定磨矿速率为常数，即物料在较短的磨矿时间内（一般认为，单粒级或最粗粒级的物料破碎率不高于 65%），均具有相当显著的细粒级零阶产出特征 [82, 89]

$$\frac{dy(x, t)}{dt} = \bar{F}(x) \tag{2.10}$$

式中，$y(x, t)$ 为 t 时刻粒级小于 x 的累积产率，$\bar{F}(x)$ 表示粒度为 x 的零阶累积产率速率常数。假定速率常数

$$\bar{F}(x) = k_0 \left(\frac{x}{x_0} \right)^{\alpha} \tag{2.11}$$

式中，α 为粒度分布指数，x_0 为基准粒度，k_0 为常数。因此式（2.11）也可以写成

$$\bar{F}_i = k_0 \left(\frac{x_i}{x_0} \right)^{\alpha} \tag{2.12}$$

式中，$i = 1,\ 2,\ 3,\ \cdots,\ n$（$n$ 为把物料分成哪个粒级数）；$\bar{F}_i$ 为小于粒度 x_i 的细粒级零阶产出常数。由此可得

$$\frac{\mathrm{d}Y_1(t)}{\mathrm{d}t} = \bar{F}_1,\ \frac{\mathrm{d}Y_2(t)}{\mathrm{d}t} = \bar{F}_2,\ \cdots,\ \frac{\mathrm{d}Y_n(t)}{\mathrm{d}t} = \bar{F}_n \tag{2.13}$$

将 $y_i(t)$ 离散化，即以窄级别产率 $y_i(t)$ 之和表示，可得

$$Y_i(t) = \sum_{j=n}^{i} y_i(t) \tag{2.14}$$

$$
\begin{aligned}
\frac{\mathrm{d}Y_i(t)}{\mathrm{d}t} = \sum_{j=n}^{i} \frac{\mathrm{d}y_i(t)}{\mathrm{d}t} &= b_{21}S_1 y_1(t) + b_{31}S_1 y_1(t) + \cdots + b_{n1}S_1 y_1(t) + \\
&\quad b_{32}S_2 y_2(t) + b_{42}S_2 y_2(t) + \cdots + b_{n2}S_2 y_2(t) + b_{43}S_3 y_3(t) + \\
&\quad b_{53}S_3 y_3(t) + \cdots + b_{n3}S_3 y_3(t) + \cdots \\
&= \sum_{j=1}^{i-1} B_{ij} S_j y_j(t)
\end{aligned}
\tag{2.15}
$$

式（2.15）中，$j = 1,\ 2,\ 3,\ \cdots,\ i-1$

$$B_{ij} = \sum_{k=i}^{n} b_{k,j} \tag{2.16}$$

当磨矿时间很短时，细粒级产品符合下述关系：

$$B_{ij}S_j = \bar{F}_i \tag{2.17}$$

将式（2.17）代入式（2.15）中可得

$$\frac{\mathrm{d}Y_i(t)}{\mathrm{d}t} = \sum_{j=1}^{i-1} \bar{F}_i y_j(t) = \bar{F}_i \sum_{j=1}^{i-1} y_j(t) \tag{2.18}$$

若 $\sum\limits_{j=1}^{k} y_j(0) = 1$，又 $x_j \leqslant x_k$，则 $\sum\limits_{j=1}^{i-1} y_j(t) \approx 1$，即最细粒级不计。下面可以求出给料中最粗粒级的破裂参数，即 $j=1$，当 $t \to 0$ 时，由式（2.17）、式（2.18）得

$$\frac{\mathrm{d}Y_i(t)}{\mathrm{d}t} = B_{i1}S_1 \sum_{j=1}^{i-1} y_j(t) = \bar{F}_i \tag{2.19}$$

由式（2.15）、式（2.12）可得

$$B_{i1} = \frac{\bar{F}_i}{S_1} = \frac{1}{S_1} \times k_0 \left(\frac{x_i}{x_0} \right)^{\alpha} \tag{2.20}$$

由式（2.12）的关系可得

$$B_{k1}S_1 = \bar{F}_k$$

由此可以推导出

$$\frac{\bar{F}_i}{\bar{F}_k} = \frac{B_{i1}}{B_{k1}} \tag{2.21}$$

由式（2.20）、式（2.21）得

$$\frac{B_{i1}}{B_{k1}} = \left(\frac{x_i}{x_k}\right)^\alpha \tag{2.22}$$

如果破裂参数是规范化的，则

$$B_{ij} = \frac{1}{S_j} \times k_0 \left(\frac{x_i}{x_0}\right)^\alpha \tag{2.23}$$

$$S_j = \frac{\bar{F}_i}{B_{ij}} = S_1 \left(\frac{x_j}{x_0}\right)^\alpha \tag{2.24}$$

（2）B_{II}算法

L.G. 奥斯汀–P.T. 勒基理论简算法（又叫预估–反算法），这种算法于1972年由 L.G. Austin 和 P.T. Luckie 提出[82, 122]，它是以单粒级物料短时间磨矿时间的数据为基础推导出来的，关于B有三种算法，其中B_{II}法应用最为广泛，本书主要也是用B_{II}进行模拟计算，具体算法推导如下：

与零阶产出率法的假设相同，认为

$$S_j B_{ij} = \bar{F}_i \tag{2.25}$$

由磨矿一阶动力学方程得

$$1 - p_i(t) = [1 - p_i(0)]\exp(-F_i t) = [1 - p_i(0)]\exp(-S_j B_{ij} t) \tag{2.26}$$

式中，$p_i(t)$为产品中小于i粒级的累积产率。假定磨矿时间很短，无重复破裂；原单粒级物料破裂后的产物为

$$1 - p_i(t) = [1 - p_i(0)]\exp(-S_1 B_{i1} t) \tag{2.27}$$

假定$t = 0$时，原给料单粒级分布为$(1-\sigma)$，即产率为1减去少量的细粒级别σ，即$p_2(0) = \sigma$。对于第2粒级（$i = 2$），得

$$1 - p_2(t) = (1-\sigma)\exp(-S_1 t) \tag{2.28}$$

由此可以得出

$$-S_1 t = \ln\frac{1 - p_2(t)}{1 - \sigma} = \ln\frac{1 - p_2(t)}{1 - p_2(0)} \tag{2.29}$$

可以由式（2.26）得出

$$-S_1 B_{i1} t = \ln \frac{1-p_i(t)}{1-p_i(0)} \tag{2.30}$$

$$B_{i1} = \frac{1}{-S_1 t} \ln \frac{1-p_i(t)}{1-p_i(0)} \tag{2.31}$$

将式（2.29）代入式（2.31）得

$$B_{i1} = \ln \frac{1-p_i(t)}{1-p_i(0)} \bigg/ \ln \frac{1-p_2(t)}{1-p_2(0)} \tag{2.32}$$

如果假定破裂函数值是规范化的，故求出 B_{i1} 后即可以得出 B_{ij}（$i=1$，2，3，$\cdots$，n；$j=1$，2，3，$\cdots$，$i-1$）。也可以表示为

$$B_{ij} = B_{i+1,j+1} = B_{i-j+1,1} \tag{2.33}$$

其中，根据 B_{ij} 的定义可知 $B_{11}=1$，$B_{21}=1$。另外，B_{ij} 也可以通过下式计算得出 [121-122]

$$B_{ij} = \ln \frac{1-p_i(t)}{1-p_i(0)} \bigg/ \ln \frac{1-p_{j+1}(t)}{1-p_{j+1}(0)} \tag{2.34}$$

（3）G-H算法

G-H算法于1982年由Kapur提出，G-H算法的基本指导思想为将总体平衡动力学方程转换成 G，H 两个函数，使之能迭代运算，以便用计算机求解参数 S，B 的值。这个方程推导过程比较烦琐，具体可以参考文献 [125-126]。最后可以推导出 G-H方程

$$\ln \frac{M_i(t)}{M_i(0)} = G_i t + \frac{H_i}{2} t^2 \tag{2.35}$$

式中，$M_i(t)$ 为累积产率，$M_i(t) = \sum_{j=1}^{i} m_j(t)$；系数函数 G_i，H_i 表示如下：

$$G_i = \frac{1}{t_1 t_2^2 - t_1^2 t_2} \left[t_2^2 \ln \frac{M_i(t_1)}{M_i(0)} - t_1^2 \ln \frac{M_i(t_2)}{M_i(0)} \right] \tag{2.36}$$

$$H_i = \begin{cases} \sum_{j=1}^{i-1} \left(\frac{M_i(t)}{M_i(0)} (S_{j+1} B_{i,\,j+1} - S_j B_{ij})(G_j - G_i) \right) & i = 2, 3, 4, \cdots \\ 0 & i = 1 \end{cases} \tag{2.37}$$

当原料为单粒级时，式（2.35）可以得出

$$\frac{\ln M_i(t)}{\ln M_1(t)} = B_{i1} - \frac{H_i}{2S_1}t \tag{2.38}$$

根据实验数据，利用式（2.38）进行线性回归分析就可以求出 B_{i1} 值，因 B 为规范值，根据式（2.33）不难求出 B_{ij} 值。

（4）经验公式法

由 Austin[121] 提出的经验公式应用最为广泛，对于单粒级的选择函数和累积分布函数由下面的公式求出。

对于干式磨矿：

$$S_i = Ax_i^\alpha \tag{2.39}$$

对于湿式磨矿：

$$S_i = S_1 \left(\frac{x_i}{x_0} \right)^\alpha \tag{2.40}$$

式（2.39）中，A、α 为参数。对于规范化的破裂分布函数 B 中的元素可用下述经验公式求出。

$$B_{ij} = \varphi \left(\frac{x_{i-1}}{x_j} \right)^\gamma + (1-\varphi) \left(\frac{x_{i-1}}{x_j} \right)^\beta \tag{2.41}$$

式中，φ，γ，β 均为参数。对于某些物料如 B_{ij} 为规范化值，一般来说，参数 φ，γ，β 与粒度无关，也不随磨矿时间而变。这些参数值对磨机矿浆充满率、球径和磨机内径不敏感。

第3章　单矿物磨矿特性试验研究

本章针对东鞍山矿石中的主要矿物（石英、赤铁矿、绿泥石和菱铁矿）的磨矿特性进行深入研究，主要研究内容包括：不同粒级的主要矿物的磨矿特点，主要矿物的磨矿动力学函数及它们本身的磨矿特征参数（破碎速率函数 S 和累积破碎分布函数 B），讨论磨矿过程中不同矿物的粒度分布特点，以期为研究东鞍山铁矿石磨矿特性奠定理论基础。

3.1　试验条件

针对不同粒级（ $-2+1.19$ ， $-1.19+0.5$ ， $-0.5+0.25$ ， $-0.25+0.15\ mm$ ）的四种单矿物（石英、赤铁矿、绿泥石和菱铁矿）分别进行实验室湿式分批开路磨矿试验，具体磨矿条件和磨机参数如表3.1所示。

表3.1　球磨机参数与球磨试验条件

球磨试验条件		具体参数
球磨机	直径/mm	100
	长度/mm	150
	转速/(r·min⁻¹)	105
	临界转速/(r·min⁻¹)	141
	转速率	75%
钢球介质	密度/(g·cm⁻³)	7.80
	堆积密度/(g·cm⁻³)	4.80
	介质充填率(磨机容积比)	0.40
	质量/kg	1.86

表 3.1（续）

球磨试验条件		具体参数	
	25	不同直径钢球的质量比	0.30
钢球直径/mm	20		0.30
	15		0.40
料球比		0.60	
矿浆浓度(质量百分比)		70%	

试验设备采用 $\Phi100 \text{ mm} \times 150 \text{ mm}$ 实验室小型滚筒式球磨机，采用充液测量法（用水充满滚筒的容积）求出该球磨机的滚筒容积为 1 L。磨矿介质为钢球，单矿物球磨试验所用的料球比 $\phi_m = 0.6$，球磨机容积 $V = 1 \text{ L}$，磨机的介质充填率 $\phi = 0.4$，单矿物的松散密度 $\delta_{物}$ 由表 2.14 给出。

根据式（2.1）和表 2.14 可得四种单矿物球磨试验时所用的质量：

$$W_{石英} = 1 \times 0.4 \times 0.38 \times 0.6 \times 1.58 \text{ kg} = 0.14410 \text{ kg} = 144.10 \text{ g}$$

$$W_{赤铁矿} = 1 \times 0.4 \times 0.38 \times 0.6 \times 2.68 \text{ kg} = 0.24442 \text{ kg} = 244.42 \text{ g}$$

$$W_{绿泥石} = 1 \times 0.4 \times 0.38 \times 0.6 \times 1.56 \text{ kg} = 0.14227 \text{ kg} = 142.27 \text{ g}$$

$$W_{菱铁矿} = 1 \times 0.4 \times 0.38 \times 0.6 \times 2.23 \text{ kg} = 0.20338 \text{ kg} = 203.38 \text{ g}$$

为了球磨试验方便和计算简化，单矿物球磨所用物料取整数，试验过程中四种单矿物石英、赤铁矿、绿泥石、菱铁矿所用的物料质量分别取：$W_{石英} = 145 \text{ g}$，$W_{赤铁矿} = 245 \text{ g}$，$W_{绿泥石} = 145 \text{ g}$，$W_{菱铁矿} = 200 \text{ g}$。

3.2 单矿物石英的磨矿特性研究

3.2.1 不同粒级石英的破碎速率函数

对四种不同单粒级（$-2 + 1.19$，$-1.19 + 0.5$，$-0.5 + 0.25$，$-0.25 + 0.15 \text{ mm}$）石英进行湿式开路球磨试验。试验数据代入式（2.9），结果如图 3.1 所示。

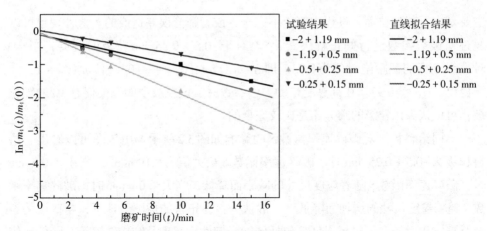

图 3.1　不同粒级石英的破碎行为

由图 3.1 可见，$\ln\left(m_1(t)/m_1(0)\right)$ 作为一个时间 t 函数，在试验的粒级范围内，石英的磨矿动力学行为是一阶线性的，破碎速率函数 S_i 与磨矿时间 t 无关，直线的斜率为该粒级石英的破碎速率函数 S_i，即该磨矿动力学符合一阶磨矿动力学。各粒级石英的磨矿动力学方程如下：

对于 −2 + 1.19 mm 粒级的石英：

$$\ln\frac{m_1(t)}{m_1(0)} = -0.09t - 0.101 \tag{3.1}$$

对于 −1.19 + 0.5 mm 粒级的石英：

$$\ln\frac{m_1(t)}{m_1(0)} = -0.11t - 0.09 \tag{3.2}$$

对于 −0.5 + 0.25 mm 粒级的石英：

$$\ln\frac{m_1(t)}{m_1(0)} = -0.19t - 0.04 \tag{3.3}$$

对于 −0.25 + 0.15 mm 粒级的石英：

$$\ln\frac{m_1(t)}{m_1(0)} = -0.07t + 0.008 \tag{3.4}$$

另外，由图 3.1 和式（3.1）至式（3.4）还可以发现，磨矿时间 $t=0$，各粒级石英的磨矿动力学曲线并不完全通过零点，$m_1(t)\neq m_1(0)$，即 $\ln(m_1(t)/m_1(0))\neq 0$，理论上石英的动力学曲线应该通过零点，$\ln(m_1(t)/m_1(0))=0$，这一现象的产生主要是由石英颗粒筛分过程中筛分不完全，或者筛分误差造成的。这种现象可以通过对破裂参数进行修正解决[127-128]。对于−0.5 + 0.25 mm 粒级的石英，当 t=0 时，纵坐标的截距绝对值为 0.03，即 $\ln(m_1(t)/m_1(0)) = -0.03$，且 $m_1(0) = 1$，计算得出，$m_1(t)$=0.97。在计算磨矿动力学参数时，该粒级中的石英仅有 3%的细粒级，可以认为该粒级的筛分还是比较完全的。

不同给料粒级对破碎速率函数 S_i 的影响如图 3.2 所示。由该图可以看出，给料粒级为−0.5 + 0.25 mm 时，破碎速率函数 S_i 最大值为 0.19 min⁻¹，当小于 0.5 mm 时，破碎速率函数 S_i 随着粒度尺寸的减小而降低；当大于 0.5 mm 时，破碎速率函数 S_i 随着粒度尺寸的增加而降低。一般认为：在正常的球磨条件下，粗矿块的裂缝及裂纹相对较多，机械强度（包括硬度、韧性、解理及结构缺陷等）降低比较明显，随着矿块粒度的变小，裂缝及裂纹逐渐消失，强度逐渐增大，力学的均匀性增高，故球磨细粒级物料相对困难，也就是说，破碎速率函数 S_i 会随着磨矿粒级的减小而降低。在本试验条件下，石英在−0.5 mm 粒级为正常的破碎范围，当石英颗粒的粒度超过 0.5 mm 时，破碎速率函数 S_i 会随着给矿物料粒级的增大而降低，出现这种非正常磨碎现象，主要是由于物料的粒度相对磨矿介质过大，在磨矿过程中介质无法将物料夹在球介质之间，获得有效的冲击和研磨，从而在球磨过程中粗粒级物料不能正常磨碎[83, 129-131]。本球磨试验过程中，当石英物料粒度大于 0.5 mm 时，球磨机中小于 Φ25 mm 的球介质无法将其正常破碎，出现了非正常破碎现象。该磨矿试验条件下，石英矿样获得最大磨矿速率函数的粒级为−0.5 + 0.25 mm。

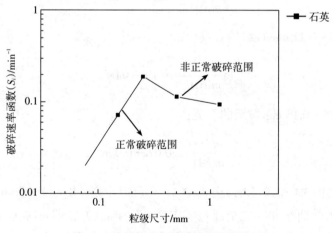

图3.2　给料粒度与破碎速度 S_i 的关系

3.2.2　石英的细粒级零阶产出特征

将 $-0.5+0.25\ \text{mm}$ 石英的球磨试验数据代入式（2.10），计算结果如图 3.3 所示。

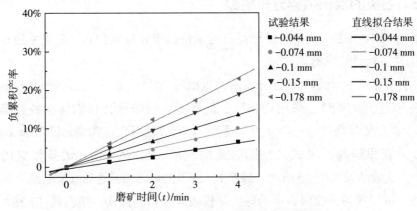

图 3.3　$-0.5+0.25\ \text{mm}$ 石英细粒产出特征

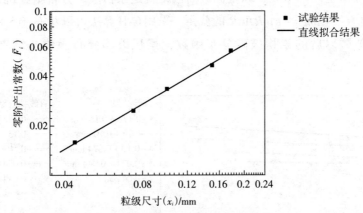

图 3.4　短时间磨矿时石英的 $\bar{F}_i$ 与 x_i 的关系

由图 3.3 可知，在较短的磨矿时间（一般认为，单粒级或最粗粒级的物料破碎率不高于 65%）内细粒级产出具有相当显著的零阶产出特征。其中各细粒级的拟合直线斜率等于 $\bar{F}_i$，即直线斜率为小于粒度 x_i 的细粒级零阶产出常数。

图 3.4 是对指数常数 α 的线性回归，由图 3.4 可以看出，$\bar{F}_i$ 和 x_i 的关系近似满足

$$\bar{F}_i = k x_i^{\alpha} \tag{3.5}$$

式中，k，α 为常数。由图 3.4 可以获得石英磨碎时常数 k，α 的值分别为 0.26，0.92。其中 α 只与物料本身的破裂特性有关，而与磨机尺寸及磨矿条件无关[132]。

本试验获得石英的 α 值与其他研究人员试验获得的值接近[84, 93, 133]。不同研究人员获得的结果不完全相同，主要是由于试验误差，或者是由于不同产地的石英机械强度性能差异等因素导致的。

3.2.3 石英的累积破碎分布函数

针对−0.5 + 0.25 mm 单粒级绿泥石的累积破碎分布函数 B_{ij}，分别采用 G-H 算法和 B_{II} 法进行计算求解。

G-H 算法是一个非常接近分析解的近似解[134-136]，事实上，当一个粒级的物料破碎率达到 95% 时，采用 G-H 算法仍能非常精确地计算物料在各粒级的分布[137-140]，如果球磨符合一阶动力学模型，G-H 算法可以认为是 $\ln(R_i)/\ln(R_1)$ 作为时间 t 的直线函数，见式（2.38），此时，$R_i = M_i$，$R_1 = M_1$。试验数据代入式（2.38），试验结果如图 3.5 所示。球磨 1，2，3，4，5 min 的球磨试验结果采用 G-H 算法，可以获得该粒级石英的球磨累积破碎分布函数 B_{ij}。根据式（2.38）和图 3.5 可知，当横坐标 $t = 0$ 时，纵坐标上的截距就是累积破碎分布函数 B_{i1}，即取每个粒级拟合直线在纵坐标 $\ln R_i/\ln R_1$ 的截距。采用 G-H 算法可以获得−0.5 + 0.25 mm 粒级石英球磨以后的累积破碎分布函数，累积破碎分布函数 B_{ij} 结果如图 3.6 所示。

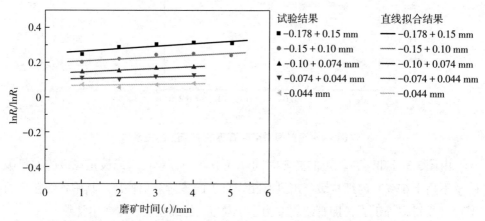

图 3.5　采用 G-H 算法绘制的−0.5 + 0.25 mm 石英湿式磨矿试验结果

采用 B_{II} 法获得累积破碎分布函数时，选用相对较短磨矿时间，一般适宜的磨矿时间是粗粒级物料的破碎率不高于 65%。当石英磨矿时间 $t = 1$ min 时，−0.5 + 0.25 mm 粒级的石英仅有 22.76% 被磨碎，符合 B_{II} 法的使用范围。把−0.5 + 0.25 mm 石英球磨 1 min 的试验数据代入式（2.32），采用 B_{II} 法计算可以得到这个粒级石英的累积破碎分布函数，计算结果如图3.6所示。

由图3.6可以看出，采用G-H算法和B_{II}算法得到的结果十分接近，误差不超过2%。采用G-H算法得的细粒级的累积破碎分布函数略小于B_{II}算法计算得到的值，但并不影响两种算法的仿真计算结果，这两种算法都可以获得比较精确的石英累积破碎分布函数值。相对来说，B_{II}算法使用的试验数据较少，工作量较少，因此，对试验结果要求不是十分精确的条件下，许多研究人员都采用此算法[83, 89, 141-142]。

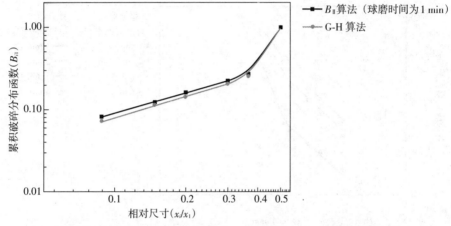

图**3.6**　石英的累积分布函数（点—试验数据，线—数据拟合结果）

采用经验公式法获得累积破碎分布函数B_{ij}也经常在文献中见到，式（2.41）中的参数意义也被详细描述[80, 85, 130-131]。根据图3.6采用两种算法获得石英的累积破碎分布函数B_{ij}图，分别对式（2.41）进行拟合，求出式（2.41）中石英的φ，γ，β值，这样可以利用式（2.41）预报累积破碎分布函数B_{ij}的任意粒级的值。表3.2是通过拟合图3.6中石英的累积破碎分布函数B_{ij}获得式（2.41）中石英的φ，γ，β参数。从图3.6中可以看出，采用两种算法获得的累积分布参数值变化很小，都在计算结果的误差范围之内，最大误差值γ值不超过0.02。可以认为所有参数（φ，γ，β）都是相等的。相似的参数值也被许多研究人员报道[83, 130-131, 142]。

表**3.2**　石英的累积破碎分布函数的参数

矿物名称	算法	φ	γ	β
石英	G-H算法	0.73	0.90	4.81
	B_{II}算法	0.74	0.92	4.81

3.2.4 球磨石英的模拟计算结果

-0.5 + 0.25 mm石英在磨矿过程中，破碎速率函数S_1由式（3.3）（或图3.1和图3.2）给出，采用B_{II}算法计算获得-0.5 + 0.25 mm石英的磨矿破裂参数（破裂分布函数B_{i1}），根据磨矿总体平衡动力学数学模型来考查这些破裂参数是否成立。在假定上述各破裂参数计算公式成立的前提下，代入式（2.3）或式（2.4）进行模拟计算。图3.7给出了模拟计算和试验数据的拟合结果。

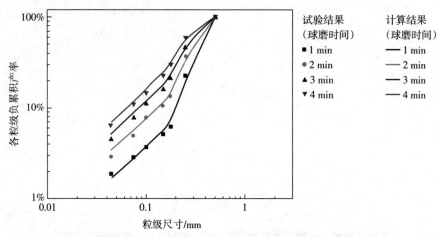

图3.7　－0.5 + 0.25 mm石英试验结果与模拟计算结果

从图3.7可以看出，-0.5 + 0.25 mm粒级的石英获得了比较满意的模拟计算结果。随着磨矿时间的增加，各粒级石英的产率也随之增加，当磨矿时间由 1 min 增加到 4 min 时，-0.044 mm 粒级的石英产率由原来的1.90%增加到了6.47%，-0.25 mm粒级石英的产率由22.76%增加到59.37%，模拟计算与试验结果最大误差不大于1.5%。这也说明前述假设是成立的，-0.5 + 0.25 mm粒级的石英在磨矿过程中，石英的碎裂参数是正确的，可以认为该数学模型能对-0.5 + 0.25 mm单粒级石英的磨矿产品的粒度分布进行理论分析计算。

3.3 单矿物赤铁矿的磨矿特性研究

3.3.1 不同粒级赤铁矿的破碎速率函数

对五种不同单粒级（-2 + 1.19，-1.19 + 0.5，-0.5 + 0.25，-0.25 +

0.15，−0.15 + 0.1 mm）赤铁矿进行分批湿式球磨试验。试验数据代入式（2.9），结果如图3.8所示。

由图3.8可见，$\ln(m_1(t)/m_1(0))$ 作为一个时间 t 函数，在试验的粒级范围内，赤铁矿的磨矿动力学行为是一阶线性的，即破碎速率函数 S_i 与磨矿时间 t 无关，每条直线的斜率为该粒级赤铁矿的破碎速率函数 $S_{i\circ}$ 它们的磨矿动力学方程如下：

对于−2 + 1.19 mm 粒级的赤铁矿：

$$\ln\frac{m_1(t)}{m_1(0)} = -0.06t - 0.191 \tag{3.6}$$

对于−1.19 + 0.5 mm 粒级的赤铁矿：

$$\ln\frac{m_1(t)}{m_1(0)} = -0.12t - 0.153 \tag{3.7}$$

对于−0.5 + 0.25 mm 粒级的赤铁矿：

$$\ln\frac{m_1(t)}{m_1(0)} = -0.18t - 0.104 \tag{3.8}$$

对于−0.25 + 0.15 mm 粒级的赤铁矿：

$$\ln\frac{m_1(t)}{m_1(0)} = -0.20t + 0.148 \tag{3.9}$$

对于−0.15 + 0.1 mm 粒级的赤铁矿：

$$\ln\frac{m_1(t)}{m_1(0)} = -0.14t + 0.090 \tag{3.10}$$

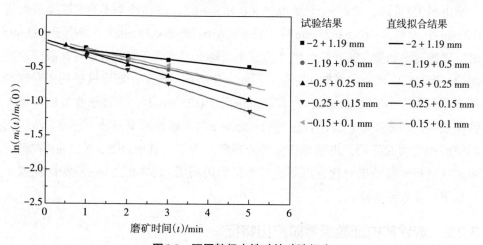

图3.8 不同粒级赤铁矿的破碎行为

另外，由图3.8和式（3.6）至式（3.10）还可以发现，$t=0$，各粒级赤铁矿的动力学直线延长到纵坐标时，也不通过零点，$m_1(t) \neq m_1(0)$，即 $\ln(m_1(t)/m_1(0)) \neq 0$，且偏差较大，特别是当磨矿粒级为$-2+1.19$ mm时，$t=0$，出现$\ln(m_1(t)/m_1(0)) = -0.191$，造成这个结果一是由该粒级的中细粒级颗粒筛分不完全，或者筛分误差造成的；另一个原因是不纯的赤铁矿脆性较大，极易粉碎，在刚开始磨矿的很短时间内，就有一部分接近筛孔尺寸的颗粒马上破碎成了-1.19 mm的细颗粒。

为了更清楚地了解不同给料粒级对赤铁矿破碎速率函数S_i的影响，图3.9给出了破碎速率函数（或破碎速率）S_i与赤铁矿粒级的关系。

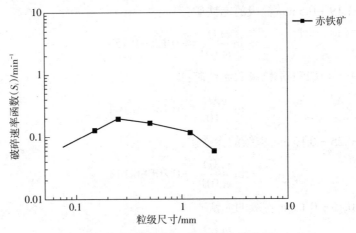

图3.9　给料粒度与破碎速率S_i的关系

由图3.9可知，给料粒级为$-0.25+0.15$ mm时，破碎速率函数S_i取得最大值0.2 min^{-1}；给料为$-0.5+0.25$ mm时，破碎速率函数$S_i=0.18$ min^{-1}。当小于0.25 mm时，破碎速率函数S_i随着粒度尺寸的减小而降低；当大于0.25 mm时，破碎速率函数S_i随着粒度尺寸的增加而降低。因此，该磨矿条件下，对赤铁矿的正常球磨粒级范围应该小于-0.25 mm；当粒级范围大于0.25 mm时，不能够正常磨碎该赤铁矿物料，即赤铁矿颗粒的粒度超过0.25 mm时，破碎速率函数S_i会随着给矿物料粒级的增大而降低，出现非正常磨碎现象。为了与其他$-0.5+0.25$ mm粒级的单矿物进行试验结果对比，以下的球磨试验仍采用$-0.5+0.25$ mm粒级的赤铁矿进行下一步球磨试验。

3.3.2　赤铁矿的细粒级零阶产出特征

针对$-0.5+0.25$ mm粒级的赤铁矿进行磨矿试验，试验数据代入式（2.10），分析结果如图 3.10 所示。由图 3.10 可知：在较短的磨矿时间内 $-0.5 + 0.25$ mm 粒级的赤铁矿产生的细粒级赤铁矿（-0.044，0.074，-0.1，-0.15 mm）仍具有相当显著的细粒级零阶产出特征。其中直线斜率等于 $\overline{F}_i$，即直线斜率为小于粒度 x_i 的细粒级零阶产出常数 $\overline{F}_i$。

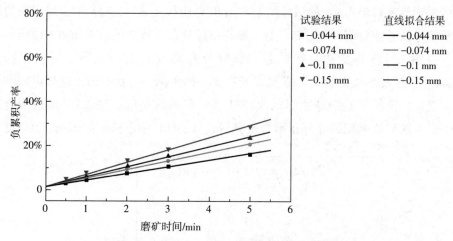

图 3.10　$-0.5 + 0.25$ mm 赤铁矿细粒产出特征

细粒级零阶产出常数 $\overline{F}_i$ 与粒度 x_i 关系如图 3.11 所示。由图 3.11 可以看出，$\overline{F}_i$ 和 x_i 的关系也近似满足式（3.5），同时可以获得赤铁矿磨碎时常数 k，α 的值分别为 0.14 和 0.49。由于该参数是在非正常破碎范围内的粒级中获得的，且赤铁矿的纯度不高，因此参数 α 并不具备代表性，只针对该粒级的赤铁矿是比较准确的，与其他研究人员在正常破碎范围内测得的赤铁矿零阶产出特征参数 α 值相比较，参数 α 值偏小。

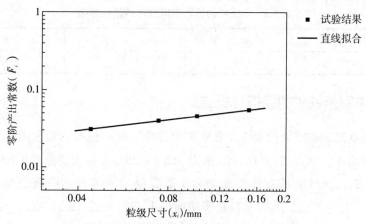

图 3.11　短时间磨矿时赤铁矿的 $\overline{F}_i$ 与 x_i 的关系

3.3.3　赤铁矿的累积破碎分布函数

确定赤铁矿的累积破碎分布函数 B_{ij}，试验数据选取的磨矿时间 $t=1$ min，被磨的粒级 -0.25 mm 的累积产率仅为 24.74%，符合 B_{II} 法的使用范围。$-0.5+0.25$ mm 粒级的赤铁矿球磨 1 min 的试验结果采用 B_{II} 算法代入式（2.32）中，可以获得这个粒级赤铁矿的累积破碎分布函数，累积破碎分布函数 B_{ij} 的结果如图 3.12 所示。

由图 3.12 获得的赤铁矿的累积破碎分布函数 B_{ij} 的曲线图，可以根据式（2.41）进行 B_{ij} 曲线拟合，并求出式（2.41）中的 φ，γ，β 的值，这样可以利用式（2.41）预报该粒级球磨时的累积破碎分布函数 B_{ij} 值。表 3.3 是通过拟合图 3.12 中赤铁矿的累积破碎分布函数 B_{ij} 获得式（2.41）中赤铁矿的 φ，γ，β 参数。

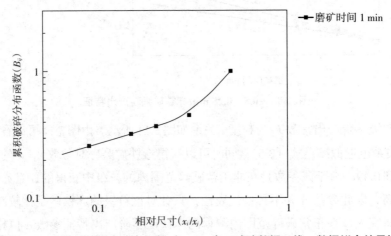

图3.12　赤铁矿的累积分布函数（$i=1$，点—试验数据，线—数据拟合结果）

表3.3　赤铁矿的累积破碎分布函数的参数

矿物名称	φ	γ	β
赤铁矿	0.73	0.43	3.01

3.3.4　球磨赤铁矿的模拟计算结果

$-0.5+0.25$ mm 粒级的赤铁矿在磨矿过程中，破碎速率函数 S_1 由式（3.8）或图 3.9 直接给出，采用 B_{II} 算法计算获得 $-0.5+0.25$ mm 粒级的赤铁矿的累积破裂分布函数 B_{i1}，通过磨矿总体平衡动力学数学模型来考查这些破裂参数是否成立。在假定上述各磨矿破裂参数正确的前提下，代入式（2.3）或式（2.4）进行模拟计算。图 3.13 给出了模拟计算和试验数据的拟合结果。

由图3.13可知，随着磨矿时间的增加，各粒级赤铁矿的负累积产率也随之增加，当磨矿时间由0.5 min增加到5 min时，−0.044 mm粒级的赤铁矿产率由原来的3.03%增加到了17.07%，−0.25 mm粒级的赤铁矿产率由原来的16.60%增加到了62.18%。该模拟计算与球磨试验结果的最大误差小于1.5%，−0.5 + 0.25 mm的赤铁矿可以获得满意的模拟计算结果，这也说明前述假设是成立的，该粒级的赤铁矿在磨矿过程中，它的磨矿碎裂参数是正确的，可以认为该数学模型能对−0.5 + 0.25 mm单粒级赤铁矿的磨矿产品粒度分布进行理论分析计算。

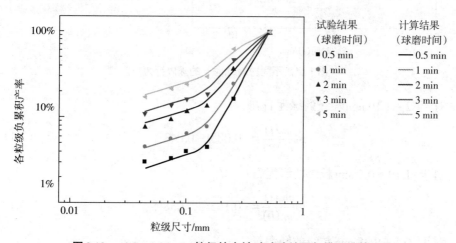

图3.13　−0.5 + 0.25 mm粒级的赤铁矿试验结果与模拟计算结果

3.4　单矿物绿泥石的磨矿特性研究

3.4.1　不同粒级绿泥石的破碎速率函数

对四种不同单粒级（−2 + 1.19，−1.19 + 0.5，−0.5 + 0.25，−0.25 + 0.15 mm）绿泥石进行磨矿试验。将试验数据代入式（2.9），计算结果如图3.14所示。

由图3.14可以看出，在试验的粒级范围内，绿泥石的磨矿动力学行为也符合一阶线性规律，即绿泥石的磨矿动力学也符合一阶磨矿动力学。根据图3.14的直线拟合结果，可以获得它们的磨矿动力学方程，各粒级绿泥石的磨矿动力学方程如下。

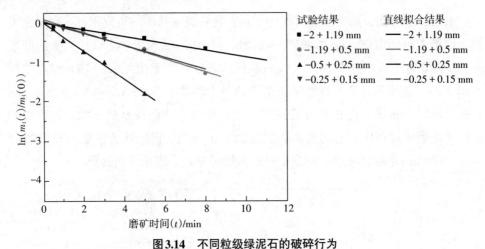

图3.14　不同粒级绿泥石的破碎行为

对于$-2+1.19$ mm粒级的绿泥石：

$$\ln\frac{m_1(t)}{m_1(0)}=-0.085t-0.043 \tag{3.11}$$

对于$-1.19+0.5$ mm粒级的绿泥石：

$$\ln\frac{m_1(t)}{m_1(0)}=-0.163t+0.038 \tag{3.12}$$

对于$-0.5+0.25$ mm粒级的绿泥石：

$$\ln\frac{m_1(t)}{m_1(0)}=-0.352t-0.045 \tag{3.13}$$

对于$-0.25+0.15$ mm粒级的绿泥石：

$$\ln\frac{m_1(t)}{m_1(0)}=-0.147t-0.016 \tag{3.14}$$

由图3.14和式（3.11）至式(3.14)可以发现，$t=0$时，各粒级绿泥石的动力学曲线延长接近通过零点。对于$-0.5+0.25$ mm粒级的绿泥石，当$t=0$时，纵坐标的截距绝对值最大，即$\ln(m_1(t)/m_1(0))=0.04$，计算得出，$m_1(t)/m_1(0)=0.96$。理论上认为$-0.5+0.25$ mm粒级绿泥石中仅含有少量细粒级绿泥石，可以认为绿泥石各粒级筛分比较完全。为了更清晰地表达不同给料粒级对绿泥石破碎速率函数S_i的影响，图3.15给出了绿泥石破碎速率函数（或破碎速率）S_i与绿泥石粒级的关系。

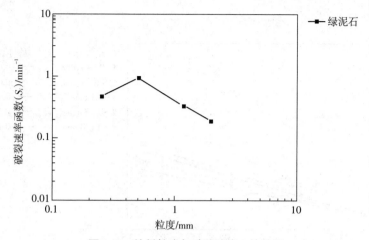

图 3.15　给料粒度与破碎速率 S_i 的关系

由图 3.15 可知，给料粒级为 −0.5 + 0.25 mm 时，破碎速率函数 S_i 取得最大值 0.35 min^{-1}。当小于 0.5 mm 时，破碎速率函数 S_i 随着粒度尺寸的减小而降低；当大于 0.5 mm 时，破碎速率函数 S_i 随着粒度尺寸的增加而降低。由于绿泥石的粒级大于 0.5 mm 时，该球磨体系中球介质的配比无法将物料进行有效地冲击和研磨，因此，该磨矿条件下，对绿泥石的正常球磨粒级范围应该小于 −0.5 mm，当绿泥石颗粒的粒度超过 0.5 mm 时，磨矿时出现非正常磨碎现象。以下的球磨试验使用最大的破碎速率值时的粒级，即 −0.5 + 0.25 mm 粒级的绿泥石进行下一步磨矿试验。

3.4.2　绿泥石的细粒级零阶产出特征

针对 −0.5 + 0.25 mm 粒级的绿泥石进行磨矿试验，试验数据代入式（2.10），结果如图 3.16 所示。

由图 3.16 可知，在较短的磨矿时间内 −0.5 + 0.25 mm 粒级的绿泥石也具有近似的细粒级零阶产出特征。其中直线斜率等于 $\bar{F}_i$，即直线斜率为小于粒度 x_i 的细粒级零阶产出常数 $\bar{F}_i$。图 3.17 给出了细粒级零阶产出常数 $\bar{F}_i$ 与粒度 x_i 的关系，$\bar{F}_i$ 和 x_i 的关系近似满足式（3.5），图 3.17 是对式（3.5）中指数常数 α 的线性回归，由图 3.17 可以获得绿泥石磨碎时常数 k，α 的值分别为 0.20，0.37。通常对于某一物料，在正常的磨碎条件下，不管磨机尺寸、磨矿条件（如充填率、转速率、装矿量、球介质组成等均不相同）和磨矿过程（包括有无另一组分存在、另一组分的种类、组分的配比）如何变化，其 α 值是相同的。即 α 值只与物料本身的碎裂特性有关[143]。

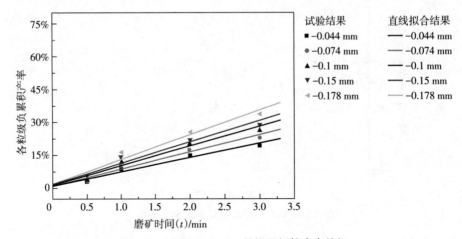

图3.16　−0.5 + 0.25 mm绿泥石细粒产出特征

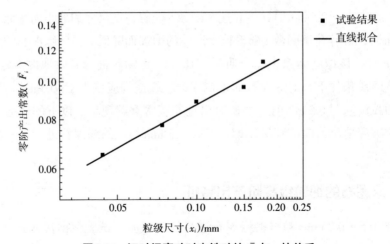

图3.17　短时间磨矿时赤铁矿的$\bar{F}_i$与x_i的关系

3.4.3　绿泥石的累积破碎分布函数

　　针对−0.5 + 0.25 mm单粒级的绿泥石球磨0.5，1，2，3 min的球磨试验结果采用G-H算法，可以获得该粒级绿泥石的球磨累积破碎分布函数B_{ij}。试验数据代入式（2.38），结果如图3.18所示。

　　采用G-H算法，此时，式（2.38）中$M_i = R_i$，$M_1 = R_1$，根据式（2.38）和图3.18可知，当横坐标$t = 0$时，纵坐标上的截距就是累积破碎分布函数B_{i1}，即取每个粒级拟合直线在纵坐标$\ln(R_i)/\ln(R_1)$的截距，获得−0.5 + 0.25 mm粒级绿泥石累积破碎分布函数B_{ij}结果如图3.19所示。

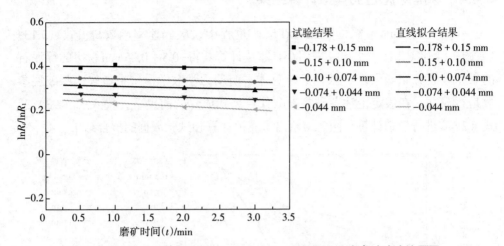

图3.18　采用G-H算法绘制的−0.5 + 0.25 mm绿泥石湿式磨矿试验结果图

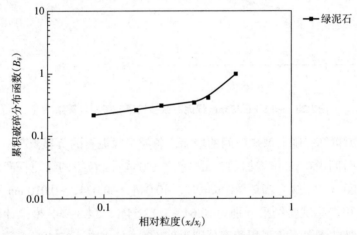

图3.19　绿泥石的累积分布函数（$i = 1$，点—试验数据，线—数据拟合结果）

　　根据图3.19获得绿泥石的累积破碎分布函数B_{ij}的曲线图，根据式（2.41）进行B_{ij}曲线拟合，求出式（2.41）中的φ，γ，β的值，这样可以利用式（2.41）推算出任意粒级绿泥石累积破碎分布函数B_{ij}的值。表3.4是通过拟合图3.19中绿泥石的累积破碎分布函数B_{ij}获得式（2.41）中赤铁矿的φ，γ，β参数。

表3.4　绿泥石的累积破碎分布函数的参数

矿物名称	φ	γ	β
绿泥石	0.61	0.43	2.76

3.4.4　球磨绿泥石的模拟计算结果

−0.5 + 0.25 mm粒级的绿泥石在磨矿过程中，破碎速率函数S_i由式（3.13）（或图3.14和图3.15）给出，采用G-H算法计算获得−0.5 + 0.25 mm粒级的绿泥石的累积破裂分布函数B_{i1}，根据磨矿总体平衡动力学数学模型来考查这些破裂参数是否成立。在假定上述各破裂参数计算公式成立的前提下，代入式（2.3）或式（2.4）进行模拟计算。图3.20给出了模拟计算和试验数据的拟合结果。

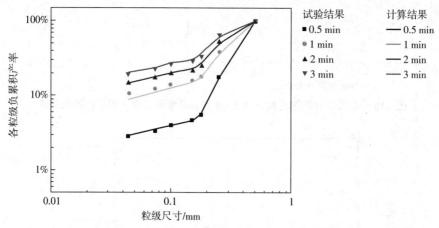

图3.20　−0.5 + 0.25 mm绿泥石试验结果与模拟计算结果

由图3.20可知，随着磨矿时间的增加，各粒级绿泥石的负累积产率也随着增加，当磨矿时间由0.5 min增加到3 min时，−0.044 mm粒级的绿泥石产率由原来的2.8%增加到了19.3%。当球磨1 min时，−0.044，−0.074，−0.010 mm三个粒级的绿泥石累积产率试验结果分别为10.64%，12.54%，14.39%，模拟计算结果获得这三个粒级的绿泥石负累积产率分别为8.75%，11.19%，12.40%，造成这个偏差的原因是球磨1 min时的破碎速率函数大于所计算的破碎速率函数。在计算分析绿泥石细粒产出特征时（见图3.16）已经显示，球磨1 min时球磨的破碎速率比直线拟合的破碎速率要高。从图3.20也可以发现，该球磨模拟计算与试验结果的最大误差仍不大于2%，−0.5 + 0.25 mm的绿泥石也可以获得比较满意的模拟计算结果，这也说明前述假设是成立的，该粒级的绿泥石在磨矿过程中，其碎裂参数是正确的，该数学模型能对−0.5 + 0.25 mm绿泥石的磨矿产品粒度分布进行理论分析计算。

3.5　单矿物菱铁矿的磨矿特性研究

3.5.1　不同粒级菱铁矿的破碎速率函数

对四种不同单粒级（$-2+1.19$，$-1.19+0.5$，$-0.5+0.25$，$-0.25+0.15$ mm）菱铁矿进行分批湿式球磨试验。试验数据代入式（2.9），结果如图3.21所。

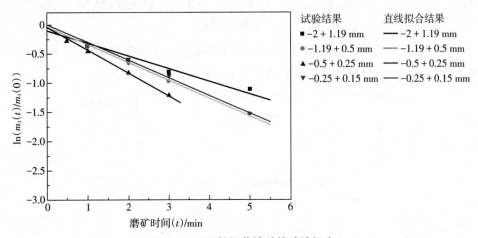

图 3.21　不同粒级菱铁矿的破碎行为

由图3.21可以看出，在试验的粒级范围内，菱铁矿各粒级的破碎速率函数 S_i 与磨矿时间无关，菱铁矿的磨矿动力学符合一阶磨矿动力学模型。根据图3.21的直线拟合结果，可以获得它们的磨矿动力学方程，各粒级菱铁矿的磨矿动力学方程如下：

对于 $-2+1.19$ mm 粒级的菱铁矿：

$$\ln \frac{m_1(t)}{m_1(0)} = -0.217t - 0.102 \tag{3.15}$$

对于 $-1.19+0.5$ mm 粒级的菱铁矿：

$$\ln \frac{m_1(t)}{m_1(0)} = -0.305t - 0.033 \tag{3.16}$$

对于 $-0.5+0.25$ mm 粒级的菱铁矿：

$$\ln \frac{m_1(t)}{m_1(0)} = -0.393t - 0.042 \tag{3.17}$$

对于 $-0.25 + 0.15\ mm$ 粒级的菱铁矿：

$$\ln\frac{m_1(t)}{m_1(0)} = -0.303t - 0.002 \tag{3.18}$$

由图 3.21 和式（3.15）至式（3.18）还可以发现，当 $t=0$ 时，各粒级菱铁矿的动力学曲线延长接近通过零点。对于 $-0.5 + 0.25\ mm$ 粒级的菱铁矿，动力学方程见式（3.17），直线的斜率为 -0.39，即该粒级菱铁矿的破碎速率函数 $S_i = 0.39\ min^{-1}$。当 $t=0$ 时，纵坐标的截距绝对值是 -0.04，即 $\ln(m_1(t)/m_1(0)) = -0.04$，可以计算得出，$(m_1(t)/m_1(0))=0.96$。理论上认为 $-0.5 + 0.25\ mm$ 粒级菱铁矿中仅含有少量细粒级菱铁矿，可以认为菱铁矿各粒级筛分的比较完全。

为了更清晰地表达不同给料粒级对菱铁矿破碎速率函数 S_i 的影响，图 3.22 给出了菱铁矿破碎速率函数（或破碎速率）S_i 与菱铁矿粒级的关系。

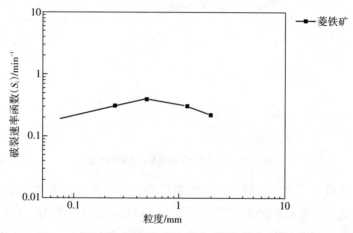

图 3.22　给料粒度与破碎速率 S_i 的关系

由图 3.22 可知，菱铁矿给料粒级为 $-0.5 + 0.25\ mm$ 时，破碎速率函数 S_i 取得最大值 $0.39\ min^{-1}$。当小于 $0.5\ mm$ 时，破碎速率函数 S_i 随着粒度尺寸的减小而降低；当大于 $0.5\ mm$ 时，破碎速率函数 S_i 随着粒度尺寸的增加而降低。因此，该磨矿条件下，对菱铁矿的正常球磨粒级范围应该小于 $-0.5\ mm$，当菱铁矿颗粒的粒度超过 $0.5\ mm$ 时，出现非正常磨碎现象。以下的磨矿试验使用最大的破碎速率值时的粒级，即 $-0.5 + 0.25\ mm$ 粒级的菱铁矿进行下一步球磨试验。

3.5.2　菱铁矿的细粒级零阶产出特征

根据 $0.5 + 0.25\ mm$ 粒级的菱铁矿进行磨矿试验，试验数据代入式（2.10），图 3.23 展示了球磨 $-0.5 + 0.25\ mm$ 菱铁矿的细粒级产出特性。

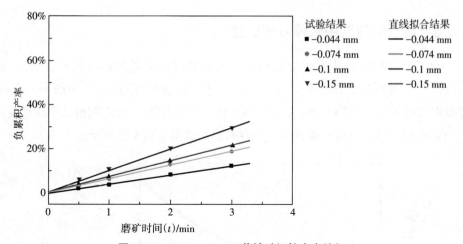

图 3.23   −0.5 + 0.25 mm 菱铁矿细粒产出特征

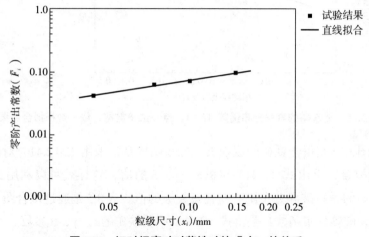

图 3.24   短时间磨矿时菱铁矿的 $\bar{F}_i$ 与 x_i 的关系

由图 3.23 可知：在较短的磨矿时间内，−0.5 + 0.25 mm 粒级的菱铁矿产生的 −0.044，−0.074，−0.1，−0.15 mm 四个细粒级都具有细粒级零阶产出特征，直线斜率为小于粒度 x_i 的细粒级零阶产出常数 $\bar{F}_i$。图 3.24 给出了菱铁矿细粒级零阶产出常数 $\bar{F}_i$ 与粒度 x_i 的关系，$\bar{F}_i$ 和 x_i 的关系满足式（3.5），图 3.24 是对式（3.5）中指数常数 α 的线性回归，由图 3.24 可以获得菱铁矿磨碎时常数 k 和 α 的值分别为 0.36 和 0.68。在正常的磨碎条件下，α 值只与物料本身的碎裂特性有关。

3.5.3　菱铁矿的累积破碎分布函数

确定菱铁矿的累积破碎分布函数，试验数据选取的磨矿时间 $t = 1$ min，此时 -0.25 mm 粒级的累积产率仅为 36.38%，符合 B_{II} 法的使用范围。$-0.5 + 0.25$ mm 菱铁矿球磨 1 min 的试验结果采用 B_{II} 算法代入式（2.32），可以获得这个粒级菱铁矿的累积破碎分布函数，累积破碎分布函数 B_{ij} 结果如图 3.25 所示。

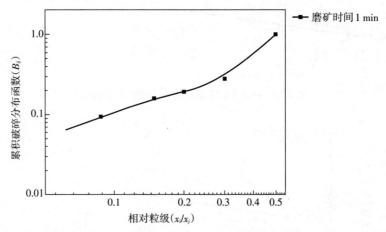

图3.25　菱铁矿的累积分布函数（$i = 1$，点—试验数据，线—数据拟合结果）

根据图 3.25 获得菱铁矿的累积破碎分布函数 B_{ij}，采用式（2.41）对图 3.25 进行 B_{ij} 曲线拟合，求出式（2.41）中的 φ，γ，β 的值，这样就可以利用式（2.41）预报菱铁矿的累积破碎分布函数 B_{ij} 任意粒级的值。表 3.5 是通过拟合图 3.25 中菱铁矿的累积破碎分布函数 B_{ij} 获得式（2.41）中菱铁矿的 φ，γ，β 参数。

表3.5　菱铁矿的累积破碎分布函数的参数

矿物名称	φ	γ	β
菱铁矿	0.83	0.90	3.81

3.5.4　球磨菱铁矿的模拟计算结果

$-0.5 + 0.25$ mm 粒级的菱铁矿在磨矿过程中，破碎速率函数 S_1 由式（3.17）（或图 3.21 和图 3.22）给出，采用 B_{II} 算法计算获得 $-0.5 + 0.25$ mm 粒级的菱铁矿的磨矿累积破裂分布函数 B_{i1}，通过磨矿总体平衡动力学数学模型的模拟计算来考查这些破裂参数是否成立。在假定上述各破裂参数计算公式成立的前提下，代入式（2.3）或式（2.4）进行模拟计算。图 3.26 给出了模拟计算和试验数据的拟合结果。

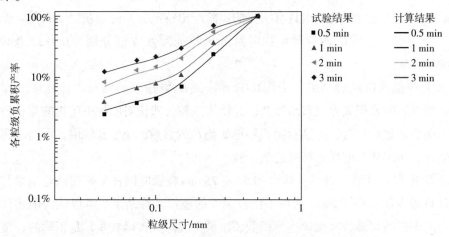

图 3.26　-0.5 + 0.25 mm 菱铁矿试验结果与模拟计算结果

由图 3.26 可知，随着磨矿时间的增加，各细粒级菱铁矿的产率也随着增加，当磨矿时间由 0.5 min 增加到 3 min 时，-0.044 mm 粒级的菱铁矿产率从 2.51% 增加到 12.29%，-0.25 mm 粒级的菱铁矿产率由 24.08% 增加到 70.19%。从该图也可以看出，球磨模拟计算与试验结果的最大误差小于 1.5%，-0.5 + 0.25 mm 粒级的菱铁矿也可以获得比较满意的模拟计算结果，这也说明前述假设是成立的，该粒级的菱铁矿在磨矿过程中，其碎裂参数是正确的，可以认为该数学模型能对任意时刻 -0.5 + 0.25 mm 粒级的菱铁矿的磨矿产品粒度分布进行理论分析计算。

3.6　本章小结

本章对四种单矿物石英、赤铁矿、绿泥石、菱铁矿采用实验室分批湿式球磨试验，获得了四种单矿物的磨矿破碎特性及破碎特征参数。主要研究结论如下。

① 对不同粒级的四种单矿物（石英、赤铁矿、绿泥石、菱铁矿）球磨试验，结果发现它们都符合一阶磨矿动力学方程。每一种单矿物的单粒级磨矿过程中，破碎速率函数 S_i 是常数，与磨矿时间无关。

② 该磨矿条件下，石英、绿泥石、菱铁矿给料粒级为 -0.5 + 0.25 mm 时，这三种单矿物破碎速率函数 S_i 取得最大值，分别为 0.19，0.35，0.39 min^{-1}，对石英、绿泥石、菱铁矿的正常球磨粒级范围应该小于 -0.5 mm。而赤铁矿的最大破碎速率 S_i 是在给料粒级为 -0.25 + 0.15 mm 时获得的，其最大值为 0.2 min^{-1}，这四种单

矿物的正常球磨粒级范围应该都小于-0.5 mm。

③ 对-0.5 + 0.25 mm粒级的四种单矿物进行磨矿试验，结果表明：在较短的磨矿时间内，细粒级的产出具有明显的零阶产出特征，并分别获得了石英、赤铁矿、绿泥石、菱铁矿四种单矿物零阶产出特征参数 α 值分别为0.915，0.490，0.369，0.682。

④ 根据球磨试验结果，采用G-H算法或B_{II}算法获得石英、赤铁矿、绿泥石、菱铁矿的累积破碎分布函数B_{ij}，并使用经验公式法对四种单矿物的累积破碎分布函数B_{ij}进行拟合，分别获得四种单矿物B_{ij}的参数φ，γ，β的值，可以预测累积破碎分布函数B_{ij}的任意粒级的值。

⑤ 模拟计算结果表明：球磨-0.5 + 0.25 mm粒级的四种单矿物试验结果与模拟计算最大误差小于2%，获得了比较满意的模拟计算结果，可以认为前述计算获得的磨矿破裂参数（破碎速率函数S_i和累积破碎分布函数B_{ij}）是正确的，该数学模型可以对-0.5 + 0.25 mm粒级的四种单矿物的磨矿产品粒度分布进行理论分析和计算。

第*4*章　多种混合矿磨矿特性试验研究

本章系统地研究东鞍山铁矿石中主要矿物在磨矿过程中的相互作用影响。主要内容包括：二元混合矿磨矿体系的磨矿特性（石英–绿泥石、石英–菱铁矿、石英–赤铁矿、赤铁矿–绿泥石、赤铁矿–菱铁矿）；三元混合矿磨矿体系的磨矿特性（石英–赤铁矿–绿泥石、石英–赤铁矿–菱铁矿）；人工（四元）混合矿磨矿体系的磨矿特性（石英–赤铁矿–绿泥石–菱铁矿）。确定不同体积比例的混合矿中各矿物的磨矿特性、磨矿动力学参数、矿物在各粒级中分布及它们在磨矿过程中的相互作用。阐明实际矿石在磨矿过程中主要矿物之间的相互影响、磨矿特性及主要矿物的粒级分布特点等。

4.1　试验条件

混合矿物磨矿试验时，具体磨矿条件和磨机参数与单矿物磨矿试验条件相同，试验设备仍采用$\Phi100\,mm \times 150\,mm$实验室小型滚筒式球磨机分批进行湿式球磨试验。三种单矿物石英、绿泥石、菱铁矿使用最佳的球磨粒级为$-0.5 + 0.25\,mm$，此时的三种单矿物的破碎速率函数值最大；为了与上述三种单矿物矿样粒级相同，单矿物赤铁矿也使用$-0.5 + 0.25\,mm$单粒级矿样，该粒级的赤铁矿破碎速率函数比最佳粒级（$-0.25 + 0.15\,mm$）略低。

所用的混合矿样质量仍以体积填充率为基准，为了与单矿物磨矿试验条件相对应，仍取料球比$\phi_m = 0.6$，矿浆浓度为70%，根据混合矿样中物料的体积比，来具体确定各矿物的质量。球磨二元混合矿磨矿体系时两种单矿物的体积配比分别为1∶3，1∶1，3∶1，球磨三元混合矿磨矿体系时三种单矿物的体积配比为1∶1∶1，球磨人工（四元）混合矿磨矿体系（模拟东鞍山铁矿石）时四种矿物的配比按东鞍山矿样的化学多元素分析结果（见表2.7）和矿石中矿物组成及含量分析结果（见表2.8）进行体积质量配比，获得相似的铁矿物品位及各矿物的含量。

为了确定混合矿球磨后各种矿物在各粒级中的分布及每种矿物的磨矿特性变化，球磨试验后，取适量各粒级的矿样进行多元素化学分析，根据各单矿物中的显性元素确定每种单矿物的含量，例如：绿泥石以MgO或Al_2O_3的含量表示，菱铁矿以TFe和FeO含量表示，赤铁矿以TFe含量表示，石英以SiO_2含量表示，通过反算法来确定各种单矿物在各粒级中的含量。

4.2 二元混合矿的磨矿特性研究

主要研究石英–绿泥石、石英–菱铁矿、石英–赤铁矿、赤铁矿–绿泥石和赤铁矿–菱铁矿五种二元混合矿的磨矿特性。

4.2.1 石英–绿泥石二元混合矿的磨矿特性研究

4.2.1.1 石英与绿泥石混合比例对破碎速率函数的影响

对$-0.5 + 0.25\ mm$粒级的石英–绿泥石不同体积比例的二元混合矿进行分批湿式球磨试验。试验数据结果代入式（2.9），计算结果如图4.1所示。

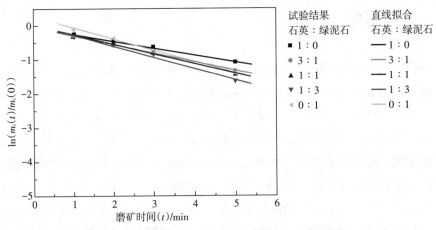

图4.1 不同体积比的石英–绿泥石混合矿破碎行为

由图4.1可以看出，该混合矿的磨矿动力学行为也符合一阶线性规律，即破碎速率函数S_i与磨矿时间无关，每条直线的斜率为该粒级混合矿的破碎速率函数S_i。混合矿中的石英与绿泥石体积比为1：0，3：1，1：1，1：3，0：1时，混合矿的破碎速率函数S_i依次为0.19，0.26，0.29，0.33，0.35 min^{-1}。可以看出，不存在石英时，即绿泥石单独磨碎时，破碎率最高，为0.35 min^{-1}。随着石英含量的增加，混合矿的破碎函数S_i逐渐降低，即混合矿的破碎速率函数S_i随着绿泥石含量的增加而增加，当全部是石英磨碎时，破碎速率为0.19 min^{-1}。

在球磨石英–绿泥石二元混合矿的过程中，不同体积含量的石英（也可以为不同体积含量的绿泥石）与混合矿破碎速率函数S_i的关系如图4.2所示。

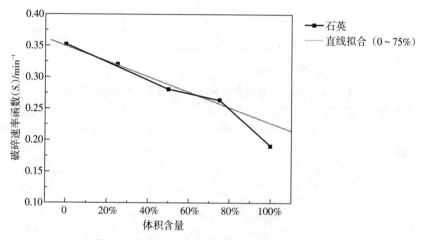

图4.2　混合矿的破碎率函数S_i与石英含量关系

由图4.2可知，混合矿的破碎速率函数S_i随着石英含量的增加而降低，石英体积含量由0增加到75%时，混合矿的破碎速率函数S_i可以认为是线性变化的。对混合矿中石英体积含量0～75%的破碎速率函数S_i进行直线拟合，可以获得混合矿破碎速率函数S_i的线性方程：

$$S_i = -0.122V_1 + 0.35 \ \ (0 \leqslant V_1 \leqslant 0.75) \tag{4.1}$$

式中，V_1为石英的体积含量。当直线方程（4.1）延长至$V_1 = 100\%$时，即石英矿物单独磨碎时，可以计算获得$S_i = 0.23$ min^{-1}，比实际–0.5＋0.25 mm粒级的单矿物石英单独磨碎时磨碎速率函数$S_i = 0.19$ min^{-1}要高，可以推断绿泥石的存在能提高石英的磨矿破碎速率S_i。石英体积含量为0时，即绿泥石单独磨碎时，其破碎速率函数S_i的值通过直线方程（4.1），其值为0.35 min^{-1}，与单矿物绿泥石的磨矿破碎速率函数一致。

在球磨石英–绿泥石两相体系的过程中，单矿物石英和绿泥石的破碎速率函数S_i分别如图4.3、图4.4所示。

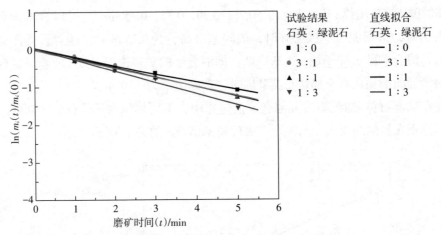

图4.3 不同体积比石英在石英–绿泥石混合矿中的破碎行为

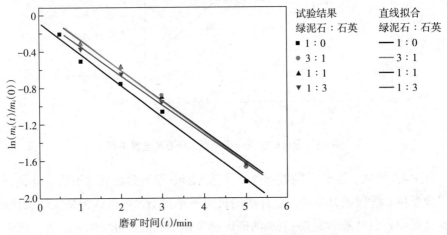

图4.4 不同体积比绿泥石在石英–绿泥石混合矿中的破碎行为

图 4.3 展示了混合矿中不同体积含量的石英的破碎速率函数，单独磨矿 $-0.5 + 0.25$ mm 单粒级石英时，石英的破碎速率函数最小 S_i（$S_i = 0.19$ min^{-1}），随着石英含量减少，破碎速率函数也随着增加。当石英的体积含量为 25%（即石英：绿泥石 $= 1 : 3$）时，混合矿中石英的破碎速率函数 S_i 增加到 0.31 min^{-1}。图 4.4 给出了混合矿中不同体积含量的绿泥石的破碎速率函数，随着绿泥石体积含量的变化，破碎速率函数 S_i 也随之改变。混合矿中的绿泥石与石英（绿泥石：石英）体积比分别为 $1 : 0$，$3 : 1$，$1 : 1$，$1 : 3$ 时，破碎速率函数 S_i 分别为 0.35，0.34，0.336，0.32 min^{-1}。因此可以获得，随着绿泥石的体积含量的逐渐减低，其破碎速率函数 S_i 小幅度减小。

另外，图 4.5 给出了混合矿中的石英和绿泥石的破碎速率函数 S_i 与它们在混合矿中的体积含量关系，并对其进行了线性拟合。由图4.5可知，混合矿中的绿泥石的破碎速率函数明显高于石英的破碎速率函数，这主要是由于绿泥石的硬度（莫氏硬度为2～3）远低于石英的硬度（莫氏硬度为7），因此绿泥石很容易被磨碎、泥化。石英的破碎速率函数随着它的体积含量的增加而降低；相反，绿泥石的破碎速率函数随着它的体积含量的增加而有所增加。

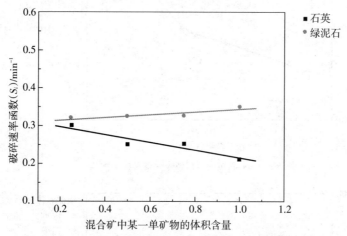

图4.5　混合矿中某一单矿物含量对它的破碎速率函数的影响

球磨石英-绿泥石二元混合矿时，石英和绿泥石的破碎速率函数与体积含量展示出了一个很好的线性关系，他们的线性方程分别如下所示：

混合矿中的石英线性方程：

$$S_q = 0.32 - 0.12X_q \quad (0 < X_q \leq 1) \tag{4.2}$$

混合矿中的绿泥石线性方程：

$$S_c = 0.31 + 0.04X_c \quad (0 < X_q \leq 1) \tag{4.3}$$

式中，S_q、S_c分别为石英-绿泥石二元混合矿中石英、绿泥石的破碎速率函数，X_q、X_c分别为石英-绿泥石二元混合矿中石英、绿泥石的体积含量。

4.2.1.2　石英与绿泥石的不同混合比例对累积破碎分布函数的影响

采用B_{II}法确定石英-绿泥石二元混合矿中的石英和绿泥石的累积破碎分布函数，试验数据选取的磨矿时间$t = 1$ min，此时石英和绿泥石不同体积比的混合矿由20%～40%矿物磨碎至-0.25 mm，符合B_{II}法的使用范围。-0.5 + 0.25 mm石英和绿泥石不同体积比的混合矿物球磨1 min的试验结果，通过对各粒级混合矿中石英和绿泥石的含量进行化学检测分析，试验数据代入式（2.32），可以分别获得石英和绿泥石在不同体积含量混合矿中的累积破碎分布函数，石英和绿泥石累

积破碎分布函数 B_{ij} 作为相对粒级尺寸（x_i/x_j，$j=1$，$x_j=0.5$ mm）的函数结果如图4.6所示。

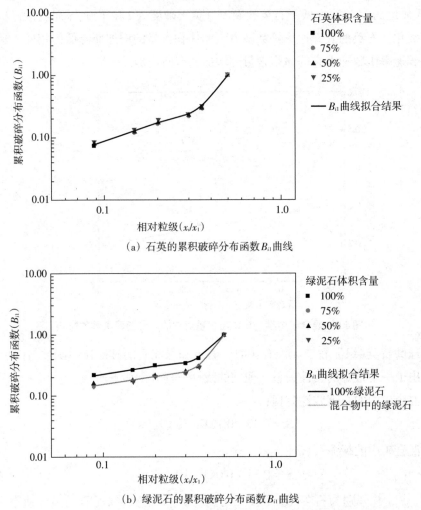

（a）石英的累积破碎分布函数 B_{i1} 曲线

（b）绿泥石的累积破碎分布函数 B_{i1} 曲线

图4.6　球磨石英–绿泥石两种混合矿中石英和绿泥石的累积破碎分布函数 B_{i1} 曲线

由图4.6（a）可知，无论石英单独球磨还是与存在绿泥石的二元混合矿球磨，石英的累积破碎分布函数值 B_{i1} 不变。许多研究结果也表明球磨过程中石英的累积破碎分布函数值 B_{i1} 不受硬度相对较低矿物存在的影响，这一试验结果与其他许多研究者获得了相似的结论[89, 92, 141-142]；然而，对于硬度较低的绿泥石进行球磨试验时，该二元混合矿中不同体积含量的绿泥石累积破碎分布函数 B_{i1} 如图4.6（b）所示，当存在高硬度石英矿物时与单独球磨绿泥石时相比，它的累积破碎分布函数 B_{i1} 值有一个显著的降低，根据累积破碎分布函数的定义，可以表明，石英的存在减少了绿泥石在细粒级中的分布，有效地阻止了绿泥石的破碎行为，降低了绿泥石在细粒级中的含量，弱化了绿泥石的泥化行为。混合矿中绿泥石的体积含量为25%~75%时，它的累积破碎分布函数B_{i1}不变。

根据图4.6获得的二元混合矿中不同体积比含量的石英和绿泥石累积破碎分布函数B_{i1}的曲线图，也可以根据式（2.41）进行石英和绿泥石的B_{ij}进行曲线拟合，分别求出式（2.41）中石英和绿泥石的φ，γ，β的值，这样可以利用式（2.41）计算出任意粒级的石英或绿泥石累积破碎分布函数B_{i1}值。表4.1是通过拟合图4.6中石英和绿泥石的累积破碎分布函数B_{i1}获得的不同体积含量的混合矿中石英和绿泥石的φ，γ，β参数。

表4.1 不同含量石英和绿泥石的累积破碎分布函数的参数值

参数	单独球磨绿泥石的参数值	存在石英获得的绿泥石参数值	不同体积含量的石英参数值
γ	0.43	0.43	0.92
φ	0.61	0.41	0.74
β	2.76	2.85	4.81

采用经验公式（2.41）分别对图4.6的石英和绿泥石的累积破碎分布函数参数拟合优化（见表4.1），可以得出，石英的存在导致与单独球磨时相比，绿泥石的参数φ、β改变，而参数γ没变。而磨矿过程中，绿泥石存在与否，石英的B_{i1}中的参数值γ、φ和β不受影响。

4.2.1.3 石英与绿泥石的不同混合比例对能耗分布的影响

基于对单矿物和多种混合矿大量的球磨研究试验[133, 143-145]，1988年Kapur和Fuerstenau[146]提出了一个能量分配因子概念（energy split factor），并确定了磨碎动力学参数与能耗之间存在着一定的关系[146]。能量分配因子的定义：在相同的球磨时间内，单位质量的一种矿物在混合矿中球磨与单独球磨所得的能耗之比，能量分配因子用公式表示为

$$K_c = \frac{E_{cm}}{E_{ca}} \tag{4.4}$$

式中，K_c是矿物组分c的能量分配因子，E_{cm}和E_{ca}分别为混合球磨组分c和单独球磨组分c时的比能耗。另外，Herbst和Fuerstenau[80]在1973年提出，在比较广泛的磨矿（采用球磨机）条件下，大量的磨矿试验数据分析表明，矿物最粗粒级的破碎速率函数与它的比能耗（球磨单位质量矿物所消耗的能量）成正比。因此，球磨单粒级或者最粗粒级材料时，能量分配因子也能通过下式表达：

$$K_c = \frac{S_{cm}}{S_{ca}} \qquad\qquad (4.5)$$

式中，K_c是矿物组分c的能量分配因子，S_{cm}和S_{ca}分别为混合球磨组分c和单独球磨组分c时单粒级或者最粗粒级的破碎速率函数之比。许多球磨单矿物、混合矿及实际矿石的磨矿试验中发现，能量分配因子概念能很好地揭示磨矿过程中能量消耗在矿物中的分配及消耗状况，对提高磨矿效率、优化磨机设计都有很好的指导意义[95-96, 142, 147-150]。

　　本书通过能量分配因子和磨矿动力学破碎速率参数来研究球磨石英-绿泥石混合矿过程中不同体积含量的石英和绿泥石吸收能耗的比值及能耗分布的变化。在球磨石英-绿泥石二元混合矿时，不同体积含量的石英和绿泥石破碎速率函数可以由式（4.2）和式（4.3）分别计算获得，不同体积含量的石英和绿泥石的能量分配因子可以由式（4.5）获得。计算获得石英和绿泥石的能量分配因子与他们在混合矿中的体积含量关系如图4.7所示。

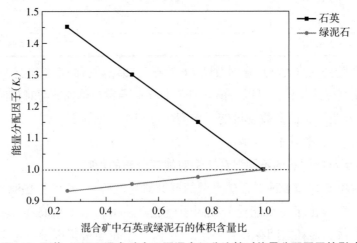

图4.7　石英-绿泥石混合矿中不同混合组分比较对能量分配因子的影响

　　由图4.7可以看出，石英组分的能量分配因子随着体积含量的增加而减小，而且当存在绿泥石组分时，石英的能量分配因子都大于1，当石英的体积含量由0.25增加到0.75时，它的能量分配因子由1.45下降到1.15。由式（4.4）可知，绿泥石的存在，球磨石英-绿泥石混合矿时与单独球磨石英矿时，混合矿中石英的比能耗E_{cm}大于单独球磨石英矿的比能耗E_{ca}，即绿泥石的存在，石英能获得更多的破碎能。与之相反，绿泥石组分的能量分配因子随着体积含量的增加而增加，而且当存在石英组分时，绿泥石的能量分配因子都小于1，当绿泥石的体积含量由0.25增加到0.75时，它的能量分配因子由原来的0.93增加到0.98。石英的存在，球磨石英–绿泥石混合矿时与单独球磨绿泥石矿时，混合矿中绿泥石的比能耗E_{cm}小于单独球磨绿泥石的比能耗E_{ca}，即石英的存在，使绿泥石获得的破碎能减少。

4.2.1.4　模拟计算球磨石英–绿泥石二元混合矿体系的粒度分布

二元混合矿体系的产品粒度分布可以通过对混合矿中每种矿物粒级分布的加权和计算获得，即

$$m_i(t) = \theta m_{Ai}(t) + (1-\theta)m_{Bi}(t) \tag{4.6}$$

式中，θ是球磨时间为t，第i粒级内，二元混合矿中矿物A的质量百分比；$m_i(t)$、$m_{Ai}(t)$和$m_{Bi}(t)$分别为球磨时间为t，第i粒级内混合矿、矿物A和矿物B的产率。球磨石英–绿泥石二元混合矿体系，不同体积含量的石英和绿泥石的破碎速率函数S_i值分别采用式（4.2）和式（4.3）计算获得，石英和绿泥石累积破碎分布函数B_{i1}可以分别采用式（2.41）和表4.1计算获得。在粒级i中，将混合矿中的石英和绿泥石矿物的产率$m_{Ai}(t)$和$m_{Bi}(t)$分别代入式（2.3）或式（2.4）进行模拟计算，最终将计算获得的石英和绿泥石矿$m_{Ai}(t)$和$m_{Bi}(t)$数据结果带入式（4.6）中，即可以对混合矿的粒级分布进行模拟计算。图4.8给出了球磨3 min，给矿粒级为–0.5 + 0.25 mm的单粒级混合矿，在不同石英和绿泥石体积比条件下，混合矿的粒度分布模拟计算结果和试验结果。

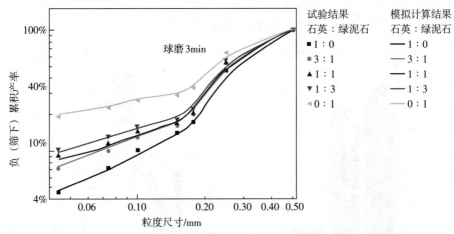

图4.8　球磨–0.5 + 0.25 mm石英–绿泥石混合矿试验结果与模拟计算结果对比

由图4.8可知，球磨3 min，石英与绿泥石的体积比为3∶1，1∶1，1∶3时，球磨试验结果中石英–绿泥石混合矿–0.045 mm粒级的产率分别为7.2%，9.24%，10.29%。模拟计算结果中石英–绿泥石混合矿–0.045 mm粒级的产率分别为7.49%，8.54%，9.93%。–0.5 + 0.25 mm的混合矿获得了比较满意的模拟计算结果，模拟计算结果与试验数据相比，误差不超过2%，说明获得的石英和绿泥石

的磨矿特性参数是正确的。随着石英含量的逐渐降低，绿泥石含量的增高，混合矿中的细粒级石英的产率也随之增加，该数学模型可以对任意时刻-0.5 + 0.25 mm石英-绿泥石混合矿的磨矿产品粒度分布进行理论分析计算。

为更清楚研究球磨-0.5 + 0.25 mm石英-绿泥石二元混合矿体系过程中石英和绿泥石的相互影响，图4.9给出了不同体积含量的石英和绿泥石球磨3 min时，各粒级中石英和绿泥石的产率变化。

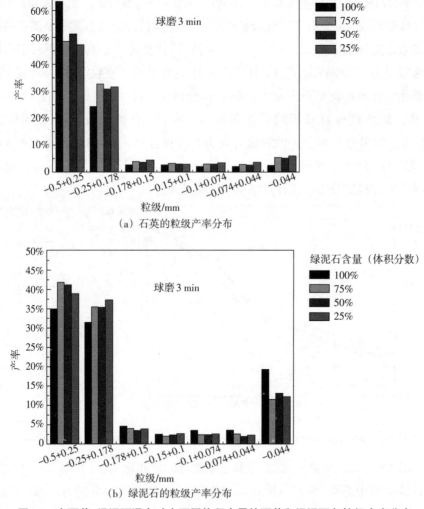

（a）石英的粒级产率分布

（b）绿泥石的粒级产率分布

图4.9　在石英-绿泥石混合矿中不同体积含量的石英和绿泥石各粒级产率分布

图4.9（a）为混合矿中石英不同体积含量的球磨产率柱状图，可以看出，单独球磨石英时，-0.5 + 0.25 mm粒级的石英产率远高于存在绿泥石时石英的产

率，球磨 3 min，石英体积含量为 100%，75%，50%，25%时，-0.5 + 0.25 mm 粒级石英的产率分别为 63.32%，48.56%，51.23%，47.20%；单粒级-0.5 + 0.25 mm 混合矿破碎到其他粒级中的石英产率发现，单独球磨石英时石英产率低于存在绿泥石时石英的产率，即绿泥石的存在能提高在其他粒级中石英的产率，球磨 3 min，石英体积含量为 100%，75%，50%，25%时，-0.044 mm 粒级石英的累积产率分别为 2.61%，5.42%，5.33%，6.17%。

图 4.9（b）为球磨 3 min 混合矿中绿泥石不同体积含量的球磨产率柱状图，可以看出，单独球磨绿泥石时，粒级-0.5 + 0.25 mm 的绿泥石产率低于存在石英时绿泥石的产率，即石英的存在阻碍了绿泥石的磨碎速率，球磨 3 min，绿泥石体积含量为 100%，75%，50%，25%时，粒级-0.5 + 0.25 mm 绿泥石的产率分别为 34.95%，41.87%，41.15%，38.91%，粒级-0.25 + 0.178 mm 绿泥石的产率分别为 31.50%，35.53%，35.38%，37.35%；单粒级-0.5 + 0.25 mm 混合矿破碎到其他粒级中的绿泥石产率发现，单独球磨绿泥石时它的产率高于存在石英时的产率，即石英的存在能弱化绿泥石的泥化现象，球磨 3 min，绿泥石体积含量为 100%，75%，50%，25%时，粒级-0.044 mm 绿泥石的产率分别为 19.30%，11.62%，13.10%，12.35%。

4.2.2　石英-菱铁矿二元混合矿的磨矿特性研究

4.2.2.1　石英与菱铁矿混合比例对破碎速率函数的影响

对-0.5 + 0.25 mm 粒级的石英-菱铁矿二元混合矿进行分批湿式磨矿试验。试验数据代入式（2.9），计算结果如图 4.10 所示。

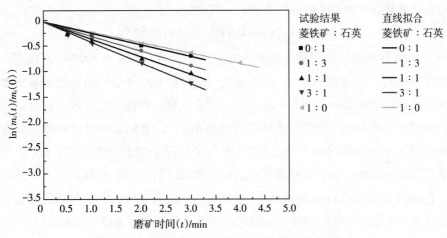

图 4.10　不同体积比的石英-菱铁矿混合矿破碎行为

由图4.10可知，该混合矿的磨矿动力学行为也符合一阶线性规律。混合矿中的菱铁矿与石英（菱铁矿：石英）体积比为$1:0$，$3:1$，$1:1$，$1:3$，$0:1$时，该混合矿的破碎速率函数S_i依次为0.39，0.34，0.28，0.23，0.19 min^{-1}。可以看出，菱铁矿单独磨碎时，破碎率最高，为0.39 min^{-1}。随着石英含量的增加，混合矿的破碎函数S_i逐渐降低，当石英单独磨碎时，该破碎函数S_i为0.19 min^{-1}。

在球磨石英–菱铁矿二元混合矿时，混合矿的破碎速率函数S_i与混合矿中石英体积含量（也可以采用混合矿中菱铁矿的体积含量）的关系如图4.11所示。

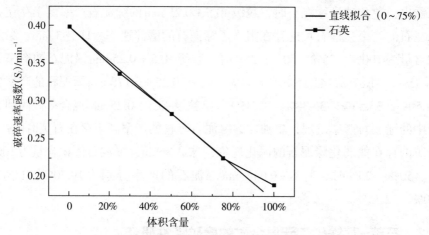

图4.11 混合矿的破碎率函数S_i与石英含量关系

由图4.11可知，混合矿的破碎速率函数S_i随着石英含量的增加而降低，石英体积含量由0增加到75%时，混合矿的破碎速率函数S_i可以认为是线性变化的。对混合矿中石英体积含量$0 \sim 75\%$的破碎速率函数S_i进行直线拟合结果，可以获得混合矿破碎速率函数S_i的线性方程：

$$S_i = -0.229V_1 + 0.393 \quad (0 \leqslant V_1 \leqslant 0.75) \tag{4.7}$$

式中，V_1为石英的体积含量。当直线方程（4.7）延长至$V_1 = 100\%$时，即石英矿物单独磨碎时，计算获得$S_i = 0.168$ min^{-1}，比实际$-0.5 + 0.25$ mm粒级的单矿物石英单独磨碎时磨碎速率函数$S_i = 0.19$ min^{-1}要低，可以推断菱铁矿的存在可以降低石英的磨矿速率函数S_i。当石英体积含量为0时，即菱铁矿单独磨碎时，其破碎速率函数S_i（$S_i = 0.39$ min^{-1}）值通过磨碎直线方程（4.7），可以推断出无论单独球磨还是混合球磨，混合矿中菱铁矿的破碎速率函数变化不明显。

在球磨$-0.5 + 0.25$ mm粒级石英–菱铁矿二元混合矿时，单矿物石英和菱铁矿的破碎速率函数S_i与它们的体积含量之间的关系分别如图4.12、图4.13所示。

由图4.12和图4.13可知，石英–菱铁矿二元混合矿体系中的单矿物石英和菱铁矿的破碎行为都仍符合一阶磨矿动力学方程。图4.12给出了混合矿中不同体积含量石英的破碎速率函数，单独磨碎–0.5＋0.25 mm单粒级石英时，石英的破碎速率函数S_i最小（$S_i = 0.19 \text{ min}^{-1}$），当石英中存在菱铁矿时，破碎速率函数降低，石英的体积含量由75%降低到25%时，石英的破碎速率函数最小S_i值变为0.17 min^{-1}；图4.13给出了混合矿中不同体积含量菱铁矿的破碎速率函数S_i，对于菱铁矿组分来说，无论单独球磨菱铁矿还是球磨过程中存在不同体积含量的石英，菱铁矿的破碎速率函数S_i几乎保持不变，菱铁矿的破碎速率函数S_i值仍为0.39 min^{-1}。

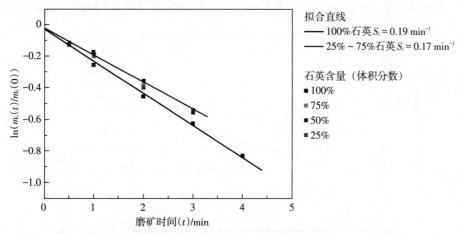

图4.12　不同体积含量石英在石英–菱铁矿混合矿中的破碎行为

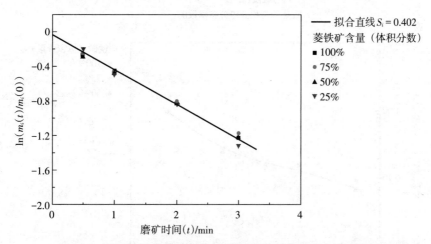

图4.13　不同体积含量菱铁矿在石英–菱铁矿混合矿中的破碎行为

4.2.2.2　石英与菱铁矿的不同混合比例对累积破碎分布函数的影响

采用 B_{II} 法确定石英–菱铁矿二元混合矿中混合矿、石英和菱铁矿的累积破碎分布函数，磨矿时间 $t=1\ \mathrm{min}$ 时，此时无论是该混合矿还是混合矿中不同体积比的单矿物石英和菱铁矿仅有 40% 矿物磨碎至 $-0.25\ \mathrm{mm}$，符合 B_{II} 法的使用范围。单粒级 $-0.5+0.25\ \mathrm{mm}$ 石英–菱铁矿不同体积比的混合矿物球磨 $1\ \mathrm{min}$ 的试验结果：通过对各粒级混合矿中石英和菱铁矿的含量进行化学检测分析，将试验数据代入式（2.32），可以分别获得石英和菱铁矿在不同体积含量混合矿中的累积破碎分布函数及混合矿的累积破碎分布函数，石英、菱铁矿和混合矿的累积破碎分布函数 B_{ij} 作为相对粒级尺寸（x_i/x_j，$j=1$，$x_j=0.5\ \mathrm{mm}$）的函数结果分别如图 4.14 所示。

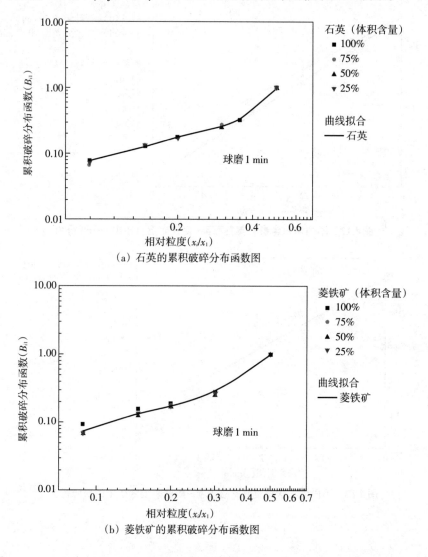

（a）石英的累积破碎分布函数图

（b）菱铁矿的累积破碎分布函数图

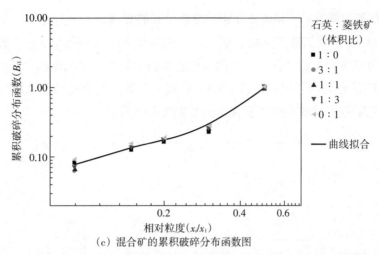

（c）混合矿的累积破碎分布函数图

图4.14 球磨石英-菱铁矿两种混合矿中石英、菱铁矿及其混合矿的累积破碎分布函数图

由图4.14（a）可知，无论石英单独球磨还是与存在菱铁矿的二元混合矿中球磨，石英的累积破碎分布函数值B_{i1}不变。同样地，对菱铁矿的累积破碎分布函数值B_{i1}由图4.14（b）可知，无论菱铁矿单独球磨还是与存在石英的二元混合矿中球磨，菱铁矿的累积破碎分布函数值B_{i1}不变。也就是说，单独球磨石英或菱铁矿与混合矿球磨一样，他们的累积破碎分布函数值B_{i1}在球磨过程中不受影响。同样，由于石英、菱铁矿的混合体积含量无论怎么改变，它们的累积破碎分布函数值B_{i1}不变，因此石英-菱铁矿混合矿的累积破碎分布函数值B_{i1}也不会改变[见图4.14（c）]。

根据图4.14获得的二元混合矿中不同体积含量的石英和菱铁矿累积破碎分布函数B_{i1}的曲线图，采用经验公式法[式（2.41）]拟合图4.14中的石英和菱铁矿累积破碎分布函数B_{i1}，可以获得该混合矿中石英和菱铁矿的累积破碎分布函数B_{i1}中的参数φ，γ，β的值，石英和菱铁矿累积破碎分布函数B_{i1}中的φ，γ，β的值分别见表3.2和表3.5，由表3.2和表3.5可以获得表4.2，表4.2给出了球磨石英-菱铁矿混合矿中石英和菱铁矿累积破碎分布函数B_{i1}中的φ，γ，β的值。

表4.2 不同含量石英和菱铁矿的累积破碎分布函数的参数值

参数	不同体积含量的石英参数值	不同体积含量的菱铁矿参数值
γ	0.92	0.90
φ	0.74	0.83
β	4.81	3.81

4.2.2.3 石英和菱铁矿不同混合比例对能耗分布的影响

在球磨石英–菱铁矿二元混合矿时，不同体积含量的石英和菱铁矿破碎速率函数可以分别由图4.12和图4.13中的拟合直线斜率获得，不同体积含量的石英和菱铁矿的能量分配因子可以由式（4.5）获得。计算获得石英和菱铁矿的能量分配因子与它们在混合矿中的体积含量关系如图4.15所示。

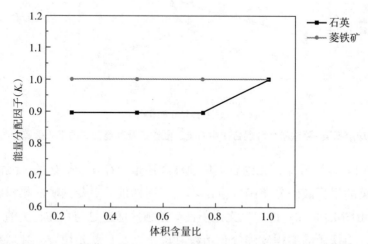

图4.15　石英–菱铁矿混合矿中不同混合组分比例对能量分配因子的影响

由图4.15可以看出，含有菱铁矿组分时，石英的能量分配因子都小于1，当石英的体积含量由0.25增加到0.75时，它的能量分配因子 $K_c = 0.895$。由式（4.4）可知，菱铁矿的存在，球磨石英–菱铁矿混合矿时与单独球磨石英矿时，混合矿中石英的比能耗 E_{cm} 小于单独球磨石英矿的比能耗 E_{ca}，即菱铁矿的存在，使石英获得的破碎能减少，从而阻碍了石英的磨碎。同时，无论单独球磨还是混合石英组分球磨，菱铁矿的能量分配因子 $K_c = 1$，即在球磨石英–菱铁矿混合矿过程中，菱铁矿吸收的破碎能一直保持不变，由式（4.4）可知，石英的存在与否，球磨石英–菱铁矿混合矿与单独球磨菱铁矿时，混合矿中菱铁矿的比能耗 E_{cm} 等于单独球磨菱铁矿的比能耗 E_{ca}，即石英的存在，对菱铁矿的破碎影响很小。

4.2.2.4 模拟计算球磨石英–菱铁矿二元混合矿的粒度分布

球磨石英–菱铁矿二元混合矿时，不同体积含量的石英和菱铁矿的破碎速率函数 S_i 值可以分别由图4.12和图4.13中的拟合直线的斜率获得，石英和菱铁矿的累计破碎分布函数 B_{ij} 可以分别采用式（2.38）和表4.1计算获取。在磨矿产品的粒级 i 中，将混合矿中的石英和菱铁矿矿物的产率 $m_{Ai}(t)$ 和 $m_{Bi}(t)$ 分别代入式

（2.3）或式（2.4）进行模拟计算，最终将计算获得的石英的 $m_{Ai}(t)$ 和菱铁矿的 $m_{Bi}(t)$ 粒级分布数据结果带入式（4.6）中。图 4.16 给出了矿粒级为 −0.5 + 0.25 mm 的单粒级混合矿，在不同石英和菱铁矿体积比条件下，混合矿的粒度分布模拟计算结果和试验结果。

　　由图 4.16 可知，与磨矿试验相对比，采用总体平衡磨矿动力学模型，获得了很满意的模拟计算结果，模拟计算与试验结果相比，误差不超过 1.5%。这也说明前述获得的该混合矿中石英和菱铁矿的球磨参数（破碎速率函数 S_i 和累积破碎分布函数 B_{ij}）是正确的，可以认为该数学模型能对单粒级 −0.5 + 0.25 mm 石英−菱铁矿混合矿的磨矿产品粒度分布进行理论分析计算。

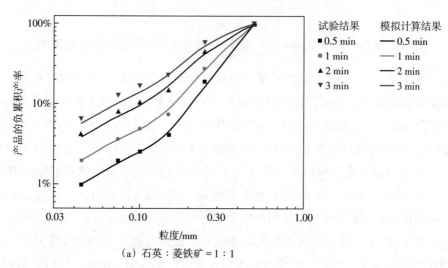

（a）石英∶菱铁矿 = 1∶1

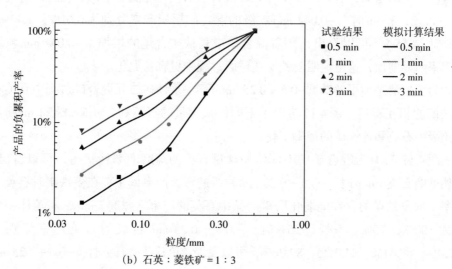

（b）石英∶菱铁矿 = 1∶3

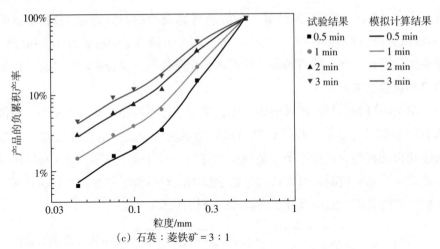

（c）石英：菱铁矿＝3：1

图4.16 球磨−0.5＋0.25 mm石英−菱铁矿混合矿试验结果与模拟计算结果对比

由图4.16（a）可知，球磨石英与菱铁矿体积含量比为1：1的混合矿时，随着磨矿时间的增加，磨矿产品中各粒级的产率也随着增加，当磨矿时间由0.5 min增加到3 min时，−0.044 mm粒级的混合矿累积产率从0.99％增加到6.65％，−0.25 mm粒级的混合矿累积产率由19.26％增加到58.62％。同样，由图4.16（b）可知，球磨石英与菱铁矿体积含量比为1：3的混合矿时，随着磨矿时间的增加，磨矿产品中各粒级混合矿的产率也随着增加，当磨矿时间为0.5，1，2，3 min时，−0.044 mm粒级的混合矿累积产率分别为1.34％，2.63％，5.41％，8.25％。

由图4.16（c）可知，球磨石英与菱铁矿体积含量比为3：1的混合矿时，随着磨矿时间的增加，磨矿产品中各粒级混合矿的产率也随着增加，当磨矿时间为0.5，1，2，3 min时，−0.044 mm粒级的混合矿累积产率分别为0.61％，1.47％，2.99％，4.55％。可以看出，随着混合矿中菱铁矿含量的增加，−0.044 mm粒级的产率明显增加，这也说明菱铁矿在球磨过程中更容易泥化。

为了更清楚地了解球磨−0.5＋0.25 mm石英−菱铁矿二元混合矿过程中石英和菱铁矿的相互影响，图4.17给出了不同体积含量的石英和菱铁矿球磨1 min时，各粒级中石英和菱铁矿的产率变化。

图4.17（a）为混合矿中不同体积含量石英的球磨产率柱状图，可以看出，单独球磨石英1 min时，−0.5＋0.25 mm粒级的石英产率低于存在菱铁矿时石英的产率，即菱铁矿的存在能弱化磨矿产品中石英的产率，球磨1 min，石英体积含量为100％，75％，50％，25％时，−0.5＋0.25 mm粒级的石英产率分别为77.24％，83.41％，84.01％，82.76％，可以发现，单独球磨石英时，−0.5＋0.25 mm

粒级的石英产率仅为 77.24%，存在菱铁矿时，石英在−0.5 + 0.25 mm 粒级中的产率高达 82% 以上；单粒级−0.5 + 0.25 mm 混合矿破碎到其他子粒级中的石英产率发现，单独球磨石英时石英产率高于存在菱铁矿时石英的产率，球磨 1 min，石英体积含量为 100%，75%，50%，25% 时，−0.044 mm 粒级的石英产率分别为 1.90%，0.76%，0.71%，0.86%。

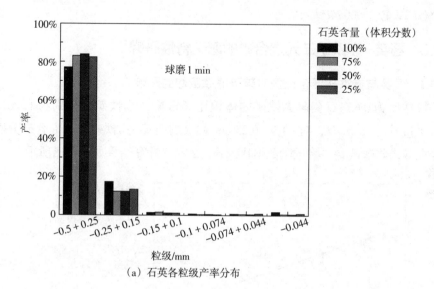

（a）石英各粒级产率分布

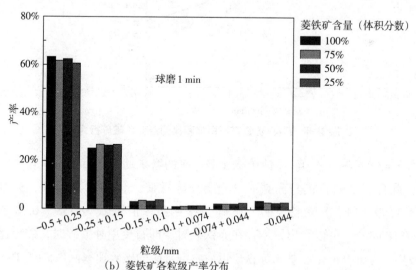

（b）菱铁矿各粒级产率分布

图 4.17　在石英−菱铁矿混合矿中不同体积含量的石英和菱铁矿各粒级产率分布

图 4.17（b）为球磨 1 min 混合矿中菱铁矿不同体积含量的球磨产率柱状图，

可以看出，单独球磨菱铁矿与存在石英时球磨菱铁矿，各粒级中菱铁矿产率变化不明显，即石英的存在并没有影响菱铁矿磨碎机制。球磨1 min，菱铁矿体积含量为100%，75%，50%，25%时，−0.5 + 0.25 mm粒级的菱铁矿产率分别为61.62%，61.74%，62.62%，60.98%，−0.25 + 0.15 mm粒级的菱铁矿产率分别为25.94%，27.07%，26.86，27.21%，−0.044 mm粒级的菱铁矿产率分别为3.76%、3.07%，2.94%，3.07%。

4.2.3　石英-赤铁矿二元混合矿的磨矿特性研究

4.2.3.1　石英与赤铁矿混合比例对破碎速率函数的影响

料球比为0.6、石英与赤铁矿的体积比（石英∶赤铁矿）分别为1∶0，3∶1，1∶1，1∶3，0∶1，对−0.5 + 0.25 mm粒级的石英-赤铁矿二元混合矿分别进行分批湿式球磨试验。将试验数据代入式（2.9），计算结果如图4.18所示。

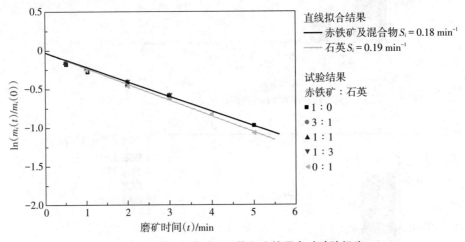

图4.18　石英-赤铁矿不同体积比的混合矿破碎行为

由图4.18可知，石英-赤铁矿二元混合矿的磨矿动力学行为也符合一阶线性规律。混合矿中的石英与赤铁矿（石英∶赤铁矿）体积比为1∶0，3∶1，1∶1，1∶3，0∶1时，该混合矿的破碎速率函数S_i值依次为0.19，0.18，0.18，0.18，0.18 min^{-1}。可以看出，不存在赤铁矿时，即石英单独磨碎时，破碎速率函数S_i最高，为0.19 min^{-1}。加入赤铁矿以后，混合矿的破碎速率函数S_i = 0.18 min^{-1}，随着石英含量的减少，混合矿的破碎函数S_i值不变，当赤铁矿单独磨碎时，该破碎速率函数S_i的值仍是0.18 min^{-1}。

在球磨石英-赤铁矿二元混合矿时，混合矿的破碎速率函数S_i与混合矿中石英体积含量（也可以采用赤铁矿的体积含量）的关系如图4.19所示。

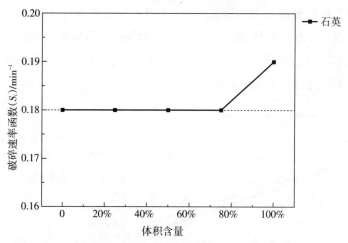

图4.19　混合矿的破碎速率函数 S_i 与石英含量关系

由图4.19可知，当石英的体积含量由0增加到75%时，混合矿的破碎速率函数 S_i 值不变，为0.18 min^{-1}。混合矿的破碎速率函数 S_i 可以认为是平行于横坐标的直线方程。根据图4.19可以获得混合矿破碎速率函数 S_i 的方程：

$$S_i = \begin{cases} 0.18 & (0 \leqslant V_1 \leqslant 0.75) \\ 0.19 & (V_1 = 1) \end{cases} \tag{4.8}$$

式中，V_1 为石英的体积含量。当石英体积含量 $V_1 = 0 \sim 75\%$ 时，即赤铁矿单独球磨和存在石英混合球磨时，其破碎速率函数 S_i（$S_i = 0.18 \ min^{-1}$）图像为一条平行于横坐标的直线，认为无论单独球磨还是混合球磨，混合矿中赤铁矿的破碎速率函数 S_i 值不变。当直线方程（4.8）延长至 $V_1 = 100\%$ 时，即石英矿物单独磨碎时，球磨单粒级 $-0.05 + 0.25 \ mm$ 石英时磨碎速率函数 $S_i = 0.19 \ min^{-1}$，可以认为赤铁矿的存在降低了石英的磨矿速率函数 S_i。

在球磨 $-0.5 + 0.25 \ mm$ 单粒级石英-赤铁矿两相体混合矿时，单矿物石英和赤铁矿的破碎速率函数 S_i 与它们的体积含量之间的关系分别如图4.20所示。

由图4.20可知，石英-赤铁矿二元混合矿体系中的单矿物石英和赤铁矿的破碎行为都符合一阶磨矿动力学方程，直线斜率为该矿物的破碎速率函数值。图4.20（a）给出了混合矿中不同体积含量石英的破碎速率函数，单独磨碎 $-0.5 + 0.25 \ mm$ 单粒级石英时，石英的破碎速率函数 $S_i = 0.19 \ min^{-1}$，当石英中有赤铁矿存在时，石英的破碎速率函数 S_i 有所减小，石英的体积含量由75%变化到25%时，石英的破碎速率函数 S_i 值都是0.18 min^{-1}，即球磨石英-赤铁矿混合矿时，赤铁矿含量的多少对石英的破碎速率影响不大；图 4.20（b）给出了混合矿中不同体积含量赤铁矿的破碎速率函数 S_i，对于赤铁矿组分来说，无论单独球磨赤铁矿还是球磨过程中存在不同体积含量的石英，赤铁矿的破碎速率函数 S_i 几乎保持不变，赤铁矿的破碎速率函数 S_i 值仍为 0.18 min^{-1}，也可以认为，石英的存在与否，对赤铁矿的破碎速率函数 S_i 没有影响。

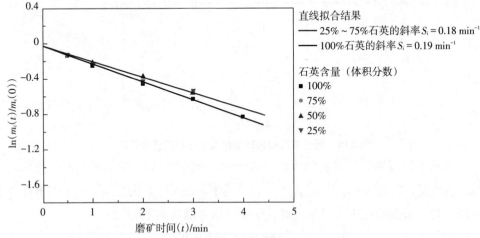

（a）不同体积含量石英在石英-赤铁矿混合矿中的破碎行为

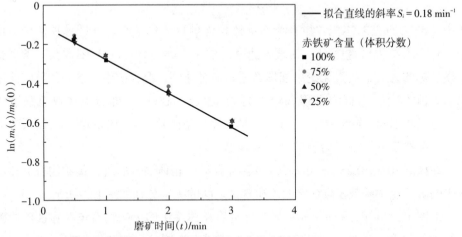

（b）不同体积含量赤铁矿在石英-赤铁矿混合矿中的破碎行为

图 4.20　不同体积含量石英和赤铁矿在石英-赤铁矿混合矿中的破碎行为

4.2.3.2　石英与赤铁矿的不同混合比例对累积破碎分布函数的影响

采用 B_{II} 法确定石英-赤铁矿二元混合矿中单矿物石英和赤铁矿的累积破碎分布函数 B_{ij} 值，试验数据选取的磨矿时间 $t = 1$ min，此时无论是该混合矿还是混合矿中不同体积比的单矿物（石英和赤铁矿）仅有不足25%的矿物磨碎至-0.25 mm，完全符合B_{II}法的使用范围。单粒级-0.5 + 0.25 mm石英-赤铁矿不同体积比的混合矿物球磨1 min的试验结果：通过对各粒级混合矿中石英和赤铁矿的含量进行化学检测分析，将各粒级中石英和赤铁矿的含量分别代入式（2.32）可以求出石英和赤铁矿在不同体积含量混合矿中的累积破碎分布函数B_{ij}。石英、赤铁矿的累积破碎分布函数B_{ij}作为相对粒级尺寸（x_i/x_j，$j = 1$，$x_j = 0.5$ mm）的函数，结果如图4.21所示。

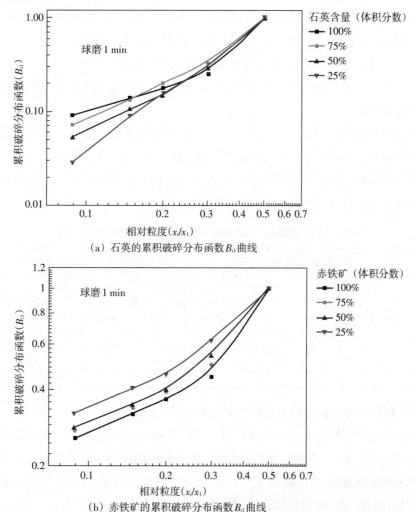

（a）石英的累积破碎分布函数B_{i1}曲线

（b）赤铁矿的累积破碎分布函数B_{i1}曲线

图4.21　球磨石英-赤铁矿两种混合矿中石英和赤铁矿的累积破碎分布函数B_{i1}曲线

由图4.21（a）可知，石英体积含量为100%，75%，50%，25%，相对粒级为$x_i/x_j = 0.088$（$x_i = 0.044$ mm，$x_j = 0.5$，$j = 1$）时，石英的累积破碎分布函数值B_{i1}

分别为 0.03，0.05，0.07，0.09，相对粒级为 $x_i/x_j = 0.148$（$x_i = 0.074$ mm，$x_j = 0.5$，$j = 1$）时，石英的累积破碎分布函数值 B_{i1} 分别为 0.09，0.11，0.13，0.14，随着石英体积含量的减少，$x_i = 0.044$ mm 和 $x_i = 0.074$ mm 的累积分布函数值逐渐增高，而对粗粒级产品的累积破碎分布函数值 B_{i1} 影响不大。说明赤铁矿的存在对石英的累积破碎分布函数是有影响的，尤其是对细粒级石英产品的累积破碎分布函数 B_{i1} 的影响。由图 4.21（b）可知，赤铁矿的累积破碎分布函数值 B_{i1}，随着它的体积含量的增加而减小。相对粒级为 $x_i/x_j = 0.088$（$x_i = 0.044$ mm，$x_j = 0.5$，$j = 1$），赤铁矿的体积含量为 100%，75%，50%，25%，它的累积破碎分布函数值 B_{i1} 分别为 0.26，0.27，0.28，0.32，相对粒级为 $x_i/x_j = 0.3$（$x_i = 0.15$ mm，$x_j = 0.5$，$j = 1$）时，它的累积破碎分布函数值 B_{i1} 分别为 0.45，0.50，0.54，0.62。可以认为，球磨石英–赤铁矿二元混合矿时，石英含量的多少直接影响着赤铁矿的累积破碎分布函数值 B_{i1}。

根据图 4.21 获得石英–赤铁矿二元混合矿中不同体积含量的石英和赤铁矿累积破碎分布函数 B_{i1} 的曲线图，采用经验公式法［式（2.41）］拟合混合矿不同体积含量的石英和赤铁矿累积破碎分布函数 B_{i1} 中的 φ，γ 和 β 的值，石英和赤铁矿累积破碎分布函数 B_{i1} 中的 φ，γ，β 的值见表 4.3。

表4.3　不同含量石英和赤铁矿的累积破碎分布函数的参数值

参数	不同体积含量的石英参数值				不同体积含量的赤铁矿参数值			
	100%	75%	50%	25%	100%	75%	50%	25%
γ	0.92	0.97	0.99	1.01	0.43	0.42	0.42	0.40
φ	0.74	0.86	0.70	0.78	0.73	0.76	0.78	0.85
β	4.81	4.05	4.80	4.75	3.01	2.94	2.89	2.73

4.2.3.3　石英和赤铁矿不同混合比例对能耗分布的影响

在球磨石英–赤铁矿二元混合矿时，不同体积含量的石英和赤铁矿破碎速率函数可以由式（4.8）或图 4.20 中的拟合直线斜率获得，不同体积含量的石英和赤铁矿的能量分配因子可以由式（4.5）求出。计算获得石英和赤铁矿的能量分配因子与它们在混合矿中的体积含量关系如图 4.22 所示。

由图 4.22 可以看出，存在赤铁矿组分时，石英的能量分配因子都小于1，当石英的体积含量由 0.25 增加到 0.75 时，它的能量分配因子 $K_c = 0.947$。由式（4.4）可知，赤铁矿的存在，混合矿中石英的比能耗 E_{cm} 小于单独球磨石英矿的

比能耗 E_{ca}，即赤铁矿的存在，使石英获得的破碎能减少，从而阻碍了石英的磨碎。另外，无论单独球磨还是石英组存在时球磨，赤铁矿的能量分配因子 $K_e=$ 1，即在球磨石英-赤铁矿混合矿过程中，赤铁矿获得的破碎能一直保持不变，由式（4.4）可知，石英的存在与否，混合矿中赤铁矿的比能耗 E_{cm} 等于单独球磨赤铁矿的比能耗 E_{ca}，即石英的存在，对赤铁矿的破碎影响很小。

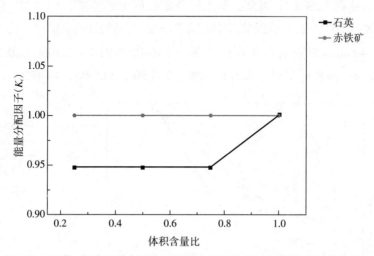

图 4.22　石英-赤铁矿混合矿中不同混合组分比例对能量分配因子的影响

4.2.3.4　模拟计算球磨石英-赤铁矿二元混合矿体系的粒度分布

球磨石英-赤铁矿二元混合矿体系，不同体积含量的石英和赤铁矿的破碎速率函数 S_i 值可以分别由式（4.8）或图 4.20 中的拟合直线斜率获得，石英和赤铁矿的累计破碎分布函数 B_{ij} 可以分别采用式（2.41）和表 4.3 中的破碎分布函数参数计算获取。球磨后混合矿产品的第 i 粒级中，将石英和赤铁矿的产率 $m_{Ai}(t)$ 和 $m_{Bi}(t)$ 分别代入式（2.3）或式（2.4）模拟计算它们的粒级分布。最终，将计算获得的石英的 $m_{Ai}(t)$ 和赤铁矿的 $m_{Bi}(t)$ 粒级分布数据结果带入式（4.6）中，即可以对混合矿的粒级分布进行模拟计算。

图 4.23 给出了矿粒级为 $-0.5+0.25$ mm 的单粒级混合矿，在不同石英和赤铁矿体积比条件下，混合矿的粒度分布模拟计算结果和试验结果。

由图 4.23 可知，与球磨试验结果相对比，采用总体平衡磨矿动力学模型，模拟计算结果与试验结果相比，误差不超过 2%。这说明前述所获得的该混合矿中石英和赤铁矿的破碎参数（破碎速率函数 S_i 和累计破碎分布函数 B_{ij}）是正确的，可以认为该数学模型能对单粒级 $-0.5+0.25$ mm 石英-赤铁矿混合矿的磨矿产品粒度分布进行理论分析计算。

由图4.23（a）可知，球磨混合矿石英：赤铁矿＝1：1时，随着磨矿时间的增加，磨矿产品各粒级混合矿的产率也随着增加，当磨矿时间为0.5，1，2，3 min时，−0.044 mm粒级的混合矿累积产率为2.07%，3.33%，5.51%，8.64%，−0.25 mm粒级的混合矿累积产率为14.32%，21.42%，33.85%，44.16%。

同样，由图4.23（b）可知，球磨混合矿石英：赤铁矿＝1：3时，随着磨矿时间的增加，磨矿产品各粒级的产率也随着增加，当磨矿时间为0.5，1，2，3 min时，−0.044 mm粒级的混合矿累积产率为2.16%，3.91%，7.10%，10.19%，−0.25 mm粒级的混合矿累积产率为14.79%，21.78%，34.08%，44.42%。

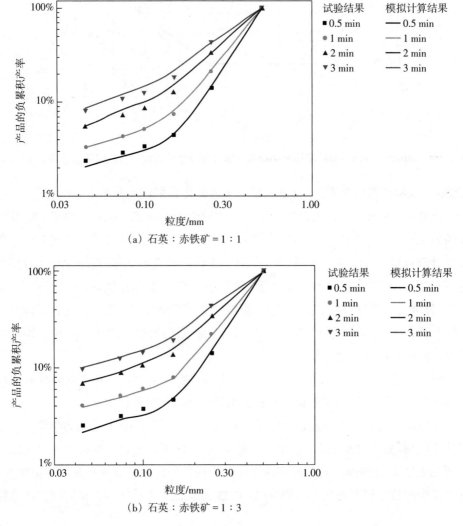

（a）石英：赤铁矿＝1：1

（b）石英：赤铁矿＝1：3

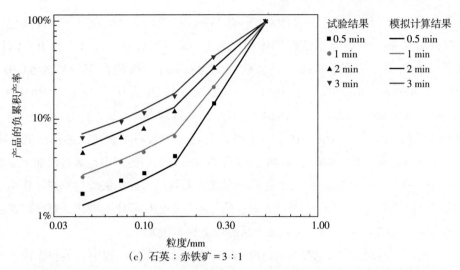

（c）石英∶赤铁矿＝3∶1

图4.23　球磨−0.5＋0.25 mm石英−赤铁矿混合矿试验结果与模拟计算结果对比

由图4.23（c）可知，球磨混合矿石英∶赤铁矿＝3∶1时，随着磨矿时间的增加，磨矿产品各粒级混合矿的产率增加，当磨矿时间为0.5，1，2，3 min时，−0.044 mm粒级的混合矿累积产率分别为1.3%，2.69%，5.04%，7.1%，−0.25 mm粒级的混合矿累积产率为14.48%，21.45%，33.51%，43.74%。可以看出，随着混合矿中菱铁矿含量的增加，细粒级的产率也明显增加，这也说明赤铁矿在磨矿过程中相对容易泥化，产生细粒级产品。

为更清楚地了解石英与赤铁矿不同体积比对混合矿磨矿产品的粒级分布影响，图4.24给出了球磨3 min，在石英与绿泥石不同体积比条件下，混合矿的粒度分布模拟计算和试验结果。

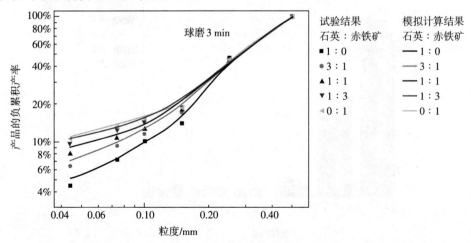

图4.24　球磨−0.5＋0.25 mm石英−赤铁矿混合矿试验结果与模拟计算结果对比

由图4.24可知，球磨3 min，−0.5 + 0.25 mm粒级的混合矿获得了比较满意的模拟计算结果。石英与赤铁矿的体积比为1∶0，3∶1，1∶1，1∶3，0∶1时，球磨试验结果中石英−赤铁矿混合矿的−0.044 mm粒级的产率分别为5.08%，7.10%，8.63%，10.19%，11.08%，−0.25 mm粒级的产率分别为44.03%，43.73%，44.16%，44.42%，46.64%，−0.15 mm粒级的产率分别为19.09%，19.40%，20.68%，21.20%，19.57%。可以发现，随着石英含量的逐渐降低，赤铁矿含量的增高，磨矿产品中−0.44，0.74，0.10 mm粒级的产率也随之增加；而磨矿产品中−0.25，−0.15 mm粒级产品的产率改变不明显。球磨试验与模拟计算结果相比，可以说明石英−赤铁矿混合矿中石英与赤铁矿的体积比的变化，对磨矿产品中−0.044，−0.074，−0.010 mm粒级产品的产率影响较大。

为更清楚球磨−0.5 + 0.25 mm石英−赤铁矿二元混合矿过程中石英和赤铁矿的相互影响，图4.25给出了不同体积含量的石英和赤铁矿在球磨3 min时，各粒级中石英和赤铁矿的产率变化。

图4.25（a）为混合矿中不同体积含量石英的产率柱状图，石英体积含量为100%，75%，50%，25%时，最粗粒级−0.5 + 0.25 mm石英的产率分别为53.39%，57.29%，57%，58.38%，单独球磨石英时，最粗粒级−0.5 + 0.25 mm石英的产率仅为53.39%，存在赤铁矿时，石英在最粗粒级中的产率高达57%以上，可以看出，石英单独球磨3 min时，最粗粒级−0.5 + 0.25 mm的石英产率低于存在赤铁矿时石英的产率，即赤铁矿的存在阻碍了石英的磨碎；另外，单粒级−0.5 + 0.25 mm混合矿破碎到其他子粒级中的石英产率发现，单独球磨石英时，−0.044 mm粒级

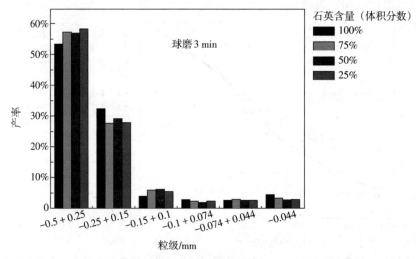

（a）不同体积的石英各粒级产率分布

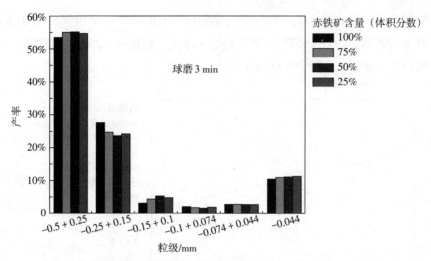

（b）不同体积含量的赤铁矿各粒级产率分布

图4.25　在石英–赤铁矿混合矿中，不同体积含量的石英和赤铁矿各粒级产率分布

中的石英产率高于存在赤铁矿时石英的产率，石英体积含量为100%，75%，50%，25%时，－0.044 mm 粒级的石英产率分别为4.52%，3.53%，2.82%，3.01%，赤铁矿的存在，使石英在细粒级产品中的产率进一步减小。

图4.25（b）为球磨3 min混合矿中不同体积含量赤铁矿的产率柱状图，可以看出，单独球磨赤铁矿与存在石英时球磨赤铁矿，各粒级中赤铁矿产率变化不大，即石英的存在对赤铁矿的磨碎机制影响不大，球磨3 min，赤铁矿体积含量为100%，75%，50%，25%时，－0.5＋0.25 mm 粒级的赤铁矿产率分别为53.64%，55.16%，55.17%，54.81%，－0.044 mm 粒级的赤铁矿产率分别为10.56%，11.01%，11.19%，11.38%。

4.2.4　赤铁矿–绿泥石二元混合矿的磨矿特性研究

4.2.4.1　赤铁矿与绿泥石混合比例对破碎速率函数的影响

对－0.5＋0.25 mm粒级的赤铁矿–绿泥石二元混合矿分别进行分批湿式球磨试验，赤铁矿与绿泥石的体积比分别为1∶0，3∶1，1∶1，1∶3，0∶1。试验数据代入公式（2.9），计算结果如图4.26所示。

由图4.26可知，赤铁矿–绿泥石二元混合矿体系的磨矿动力学行为也符合一阶线性磨矿动力学模型。混合矿中的赤铁矿与绿泥石体积比为1∶0，3∶1，1∶1，1∶3，0∶1时，该混合矿的破碎速率函数S_i依次为0.18，0.18，0.18，0.18，0.35 min^{-1}。可以看出，赤铁矿和混合矿的破碎速率函数S_i相等，为0.18 min^{-1}，与加入绿泥石的体积含量无关，而绿泥石单独球磨时的破碎速率函数 $S_i = 0.35$ min^{-1}，当存在赤铁矿时，绿泥石的破碎速率函数 S_i 降低，根据图 4.26 也可以看出，绿泥石的破碎速率函数 S_i 也降为 0.18 min^{-1}。

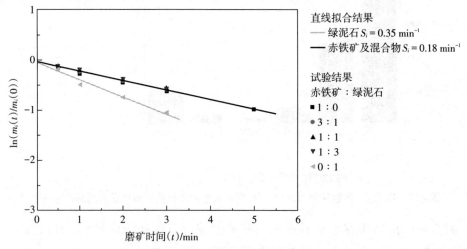

图4.26　赤铁矿–绿泥石不同体积比的混合矿破碎行为

在球磨赤铁矿–绿泥石二元混合矿时，混合矿的破碎速率函数 S_i 与混合矿中赤铁矿体积含量（也可以是绿泥石的体积含量）的关系如图 4.27 所示。

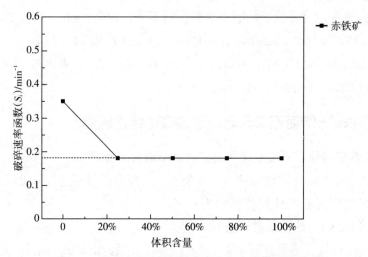

图4.27　混合矿的破碎速率函数 S_i 与赤铁矿含量关系

由图 4.27 可知，当混合矿中存在赤铁矿时，混合矿的破碎速率函数 $S_i = 0.18$ min^{-1}，对混合矿中赤铁矿体积含量 0～100% 的破碎速率函数 S_i 进行结果分

析,可以获得混合矿破碎速率函数 S_i 的方程:

$$S_i = \begin{cases} 0.18 & (0.25 \leqslant V_2 \leqslant 1) \\ 0.35 & (V_2 = 0) \end{cases} \qquad (4.9)$$

式中, V_2 为赤铁矿的体积含量。当式(4.9)中的直线 $S_i = 0.18 \text{ min}^{-1}$ 反向延长至 $V_2 = 0$ 时,即绿泥石矿物单独磨碎时,计算获得 $S_i = 0.18 \text{ min}^{-1}$,比实际球磨单粒级 $-0.5 + 0.25 \text{ mm}$ 绿泥石时磨碎速率函数 $S_i = 0.35 \text{ min}^{-1}$ 值低得多,这说明赤铁矿的存在大大降低了绿泥石的磨矿速率函数 S_i。当赤铁矿体积含量 $V_2 = 25\% \sim 100\%$ 时,即赤铁矿单独球磨和存在绿泥石混合球磨时,其破碎速率函数 S_i($S_i = 0.18 \text{ min}^{-1}$)为一条平行于横坐标的直线,可以说明无论单独球磨还是混合球磨,混合矿中赤铁矿的破碎速率函数 S_i 保持不变。

为更明确在球磨 $-0.5 + 0.25 \text{ mm}$ 单粒级该混合矿中赤铁矿和绿泥石的破碎速率函数的变化,单矿物赤铁矿和绿泥石的破碎速率函数 S_i 与它们的体积含量之间的关系分别如图 4.28 所示。

由图 4.28 可知,球磨该二元混合矿体系时,单矿物赤铁矿和绿泥石的破碎行为都仍符合一阶磨矿动力学方程。图 4.28(a)给出了混合矿中不同体积含量赤铁矿的破碎速率函数 S_i,对于赤铁矿组分来说,无论单独球磨赤铁矿还是球磨过程中存在不同体积含量的绿泥石,赤铁矿的破碎速率函数 S_i 保持不变,赤铁矿的破碎速率函数 S_i 值仍为 0.18 min^{-1},也可以认为,绿泥石的存在与否,对赤铁矿的破碎速率函数没有影响。图 4.28(b)给出了混合矿中不同体积含量绿泥石的破

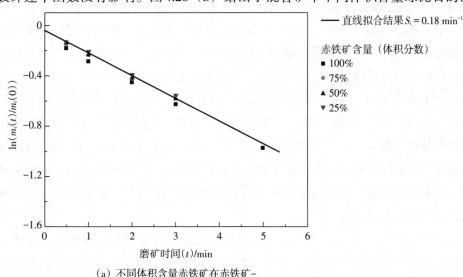

(a) 不同体积含量赤铁矿在赤铁矿-
绿泥石混合矿中的破碎行为

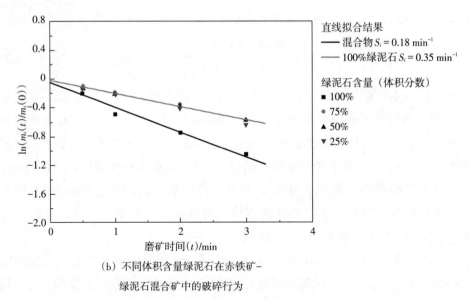

（b）不同体积含量绿泥石在赤铁矿-

绿泥石混合矿中的破碎行为

图4.28　不同体积含量赤铁矿和绿泥石在赤铁矿-绿泥石混合矿中的破碎行为

碎速率函数，单独磨碎-0.5 + 0.25 mm单粒级绿泥石时，绿泥石的破碎速率函数 $S_i = 0.35$ min^{-1}，当球磨绿泥石过程中有赤铁矿存在时，绿泥石的破碎速率函数 S_i 明显减低，绿泥石的体积含量由75%变化到25%时，绿泥石的破碎速率函数 S_i 值 都是0.18 min^{-1}，即球磨赤铁矿-绿泥石混合矿时，赤铁矿含量的多少对绿泥石的 破碎速率函数影响不大。

4.2.4.2　赤铁矿与绿泥石的不同混合比例对累积破碎分布函数的影响

采用 B_{II} 法确定赤铁矿-绿泥石二元混合矿中单矿物赤铁矿和绿泥石的累积破 碎分布函数 B_{ij} 值，试验数据选取的磨矿时间 $t = 1$ min 时，此时无论是该混合矿还 是混合矿中的单矿物（赤铁矿和绿泥石）仅不到40%的矿物磨碎至-0.25 mm，符 合 B_{II} 法的使用范围。-0.5 + 0.25 mm粒级的赤铁矿-绿泥石不同体积比的混合矿 物球磨1 min的试验结果：通过对各粒级混合矿中赤铁矿和绿泥石的含量进行化 学检测分析，将各粒级产品中赤铁矿和绿泥石的含量分别代入式（2.32）可以求 出赤铁矿和绿泥石在不同体积含量混合矿中的累积破碎分布函数 B_{ij}。赤铁矿和绿 泥石的累积破碎分布函数 B_{ij} 分别作为相对粒级尺寸（x_i/x_j，$j = 1$，$x_j = 0.5$ m）的函 数，结果如图4.29所示。

由图4.29（a）可知，无论赤铁矿单独球磨还是存在绿泥石时球磨，赤铁矿 的累积破碎分布函数值 B_{i1} 始终不变。然而，对于硬度相对较低的绿泥石球磨试 验时，该二元混合矿中不同体积含量的绿泥石累积破碎分布函数 B_{i1} 如图4.29

（b）所示，当存在硬度相对较高的赤铁矿时与单独球磨绿泥石相比，它的累积破碎分布函数 B_{i1} 值有一个显著的降低，根据累积破碎分布函数的定义，可以表明，赤铁矿的存在减少了绿泥石在细粒级中的分布，有效地阻止了绿泥石的破碎行为，降低了绿泥石在细粒级中的含量，弱化了绿泥石的泥化行为。而在球磨混合矿过程中，绿泥石的体积含量从75%变化到25%时，它的累积破碎分布函数 B_{i1} 不变。这一试验结果与球磨石英–绿泥石混合矿的试验结果相似。

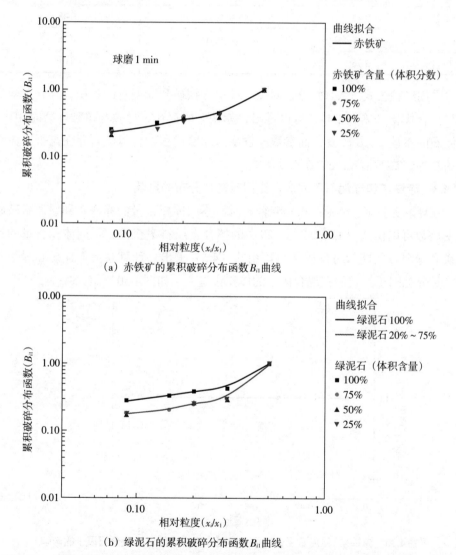

（a）赤铁矿的累积破碎分布函数 B_{i1} 曲线

（b）绿泥石的累积破碎分布函数 B_{i1} 曲线

图4.29　球磨赤铁矿–绿泥石两种混合矿中赤铁矿和绿泥石的累积破碎分布函数 B_{i1} 曲线

根据图4.29获得赤铁矿–绿泥石二元混合矿中不同体积含量的赤铁矿和绿泥

石累积破碎分布函数 B_{i1} 的曲线图，采用经验公式法［式（2.41）］分别拟合该混合矿中赤铁矿和绿泥石累积破碎分布函数 B_{i1} 中的 φ，γ，β 的值，赤铁矿和绿泥石累积破碎分布函数 B_{i1} 中的 φ，γ，β 的值见表4.4。

表4.4　不同含量赤铁矿和绿泥石的累积破碎分布函数的参数值

参数	单独球磨 绿泥石的参数值	存在赤铁矿获得的 绿泥石参数值	不同体积含的 赤铁矿参数值
γ	0.43	0.43	0.43
φ	0.61	0.51	0.76
β	2.76	5.55	3.01

采用经验公式（2.41）分别对图4.29中赤铁矿和绿泥石的累积破碎分布函数参数拟合优化（见表4.4），可以得出，赤铁矿的存在，导致与单独球磨时相比，绿泥石的参数 φ，β 改变，而参数 γ 没变。球磨过程中，绿泥石存在与否，赤铁矿的 B_{i1} 中的参数值 γ，φ，β 不受影响。

4.2.4.3　赤铁矿和绿泥石不同混合比例对能耗分布的影响

在球磨赤铁矿-绿泥石二元混合矿时，不同体积含量的赤铁矿和绿泥石破碎速率函数可以由式（4.9）或图4.28中的拟合直线斜率获得，不同体积含量的赤铁矿和绿泥石的能量分配因子可以由式（4.5）求出。计算获得赤铁矿和绿泥石的能量分配因子与它们在混合矿中的体积含量关系如图4.30所示。

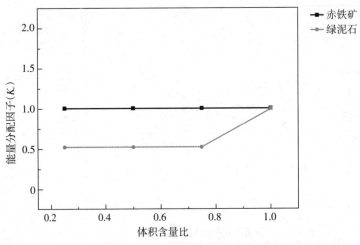

图4.30　赤铁矿-绿泥石混合矿中每种组分混合比例对能量分配因子的影响

由图4.30可知，存在赤铁矿时，绿泥石的能量分配因子都小于1，当赤铁矿的体积含量由0.25增加到0.75时，它的能量分配因子 $K_c = 0.514$。由式（4.4）可以看出，混合矿中绿泥石的比能耗 E_{cm} 小于单独球磨绿泥石矿的比能耗 E_{ca}，即赤铁矿的存在，使绿泥石获得的破碎能减少，从而阻碍了绿泥石的磨碎速率。另外，无论单独球磨赤铁矿还是混合绿泥石组分球磨赤铁矿，赤铁矿的能量分配因子 $K_c = 1$，即在球磨赤铁矿–绿泥石混合矿过程中，赤铁矿获得的破碎能一直保持不变，由式（4.4）可知，绿泥石的存在与否，球磨赤铁矿–绿泥石混合矿与单独球磨赤铁矿时，混合矿中赤铁矿的比能耗 E_{cm} 等于单独球磨赤铁矿的比能耗 E_{ca}，即绿泥石的存在，对赤铁矿的破碎影响很小。

4.2.4.4　模拟计算球磨赤铁矿–绿泥石二元混合矿体系的粒度分布

球磨赤铁矿–绿泥石二元混合矿时，不同体积含量的赤铁矿和绿泥石的破碎速率函数 S_i 值可以分别由式（4.9）获得，赤铁矿和绿泥石的累计破碎分布函数 B_{i1} 可以分别采用式（2.41）和表4.4中的破碎分布函数参数计算获取。

球磨后混合矿产品的第 i 粒级中，将赤铁矿和绿泥石的产率 $m_{Ai}(t)$ 和 $m_{Bi}(t)$ 分别代入式（2.3）模拟计算它们的粒级分布。将计算获得的赤铁矿的 $m_{Ai}(t)$ 和绿泥石的 $m_{Bi}(t)$ 粒级分布数据结果带入式（4.6）中，对混合矿的粒级分布进行模拟计算。图4.31给出了混合矿的粒度分布模拟计算与试验数据的拟合结果。

由图4.31可知，采用总体平衡磨矿动力学模型，模拟计算与球磨试验结果吻合度较高，误差不超过3%。这也说明前述所获得的该混合矿中赤铁矿和绿泥石的破碎参数（破碎速率函数 S_i 和累积破碎分布函数 B_{ij}）是正确的，可以认为该数学模型能对单粒级–0.5 + 0.25 mm 赤铁矿–绿泥石混合矿的磨矿产品粒度分布进行理论分析计算。

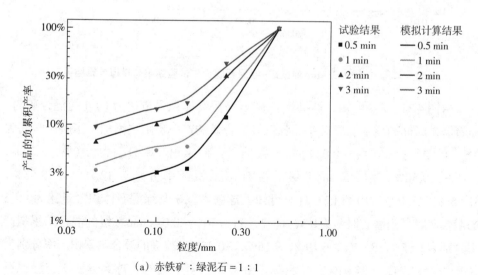

（a）赤铁矿：绿泥石 = 1∶1

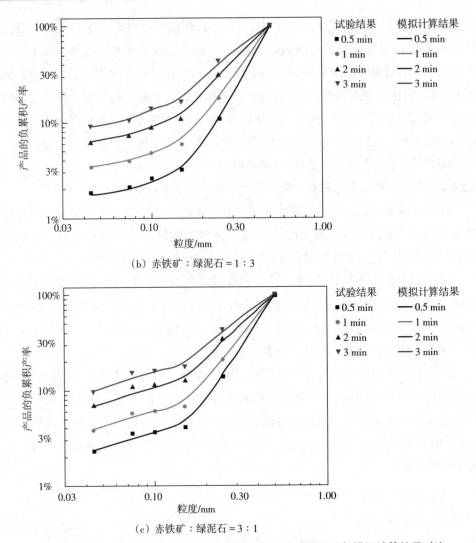

（b）赤铁矿∶绿泥石＝1∶3

（c）赤铁矿∶绿泥石＝3∶1

图4.31 球磨−0.5＋0.25 mm赤铁矿−绿泥石混合矿试验结果与模拟计算结果对比

由图4.31（a）可知，球磨赤铁矿与绿泥石体积含量比为1∶1的混合矿时，随着磨矿时间的增加，磨矿产品各粒级混合矿的产率也随之增加，当磨矿时间为0.5，1，2，3 min时，−0.044 mm粒级的混合矿累积产率分别为2.10%，3.34%，6.63%，9.50%，−0.25 mm粒级的混合矿累积产率分别为12.16%、19.53%，32.55%，43.46%。由图4.31（b）可知，球磨赤铁矿与绿泥石体积含量比为1∶3的混合矿时，当磨矿时间为0.5，1，2，3 min时，−0.044 mm粒级的混合矿累积产率分别为1.85%，3.42%，6.19%，9.15%，−0.25 mm粒级的混合矿累积产率分别为10.81%，17.74%，31.04%，43.56%。由图4.31（c）可知，球磨赤铁矿与绿泥石体积含量比为 3 : 1 的混合矿时，当磨矿时间为 0.5，1，2，3 min 时，-0.044 mm 粒级的混合矿累积产率分别为 2.31%，3.78%，7.04%，9.71%，-0.25 mm 粒级的混合矿累积产率分别为 13.91%，20.68%，34.42%，43.73%。可以看出，磨矿时间相同时，尽管混合矿中赤铁矿与绿泥石体积比不同，但各粒级产品（例如，-0.044 mm 粒级和-0.25 mm 粒级）的累积产率变化不明显。

为了解赤铁矿与绿泥石不同体积比对混合矿磨矿产品粒级分布的影响，图 4.32 给出了-0.5 + 0.25 mm 单粒级赤铁矿和绿泥石混合矿的粒度分布模拟计算和试验结果。

由图 4.32 可知，球磨 3 min，-0.5 + 0.25 mm 粒级的混合矿获得了比较满意的模拟计算结果。赤铁矿与绿泥石的体积比为 1 : 0，3 : 1，1 : 1，1 : 3，0 : 1 时，球磨试验结果中赤铁矿-绿泥石混合矿的-0.044 mm 粒级的产率分别为 10.56%，9.15%，9.05%，9.15%，19.30%，-0.25 mm 粒级的累积产率分别为 46.30%，44.09%，43.17%，43.56%，65.05%，-0.15 mm 粒级的累积产率分别为 18.63%，17.94%，16.92%，17.49%，28.97%。可以发现，随着赤铁矿含量的逐渐降低，绿泥石含量的增高，混合矿中的各粒级产品的产率变化不大，当完全球磨绿泥石时（赤铁矿 : 绿泥石 = 0 : 1），各磨矿产品粒级产率迅速升高，可知，单独球磨绿泥石时，绿泥石的磨碎速率比赤铁矿和混合矿的磨碎速率都高，例如，图 4.32 中的粒度-0.044，-0.25 mm 产品粒级分布。球磨试验结果与模拟计算结果可以说明，赤铁矿的存在对绿泥石的破碎速率影响较大，而赤铁矿-绿泥石混合矿中赤铁矿与绿泥石的体积比的变化，对磨矿产品中各粒级的产率影响不大。

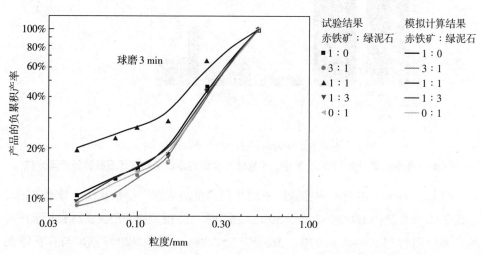

图 4.32　球磨-0.5 + 0.25 mm 赤铁矿-绿泥石混合矿试验结果与模拟计算结果对比

　　为了更清楚地研究球磨−0.5 + 0.25 mm赤铁矿−绿泥石二元混合矿过程中赤铁矿和绿泥石的相互影响，图4.33给出了不同体积含量的赤铁矿和绿泥石在球磨3 min时，各粒级中赤铁矿和绿泥石的产率变化。

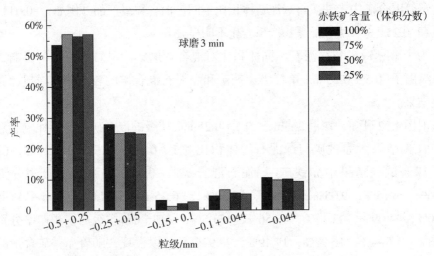

（a）不同体积含量的赤铁矿各粒级产率分布

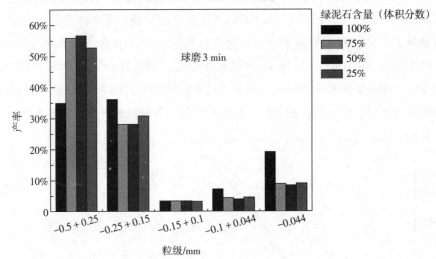

（b）不同体积含量的绿泥石各粒级产率分布

图4.33　在赤铁矿−绿泥石混合矿中，不同体积含量的赤铁矿和绿泥石各粒级产率分布

　　图4.33（a）为混合矿中赤铁矿不同体积含量的球磨产率柱状图，球磨3 min，赤铁矿体积含量为100%，75%，50%，25%时，最粗粒级−0.5 + 0.25 mm赤铁矿的产率分别为53.63%，56.97%，56.42%，57.09%，单独球磨赤铁矿与存在绿泥石球磨时相比，赤铁矿在最粗粒级中的产率没有变化（低于3%）。另外，单独球

磨赤铁矿与存在绿泥石时相比，由单粒级−0.5 + 0.25 mm 混合矿破碎到其他子粒级中的赤铁矿产率发现，−0.044 mm 粒级的赤铁矿产率也变化不大，赤铁矿体积含量为 100%，75%，50%，25%时，−0.044 mm 粒级的赤铁矿累积产率分别为 10.56%，9.82%，10.13%，9.53%，在其他粒级中的产率（−0.25 + 0.15 mm，−0.15 + 0.1 mm，−0.1 + 0.044 mm），单独球磨赤铁矿时与存在绿泥石时，它们的产率相差最大也不超过 3%。

图 4.33（b）为球磨 3 min 混合矿中绿泥石不同体积含量的球磨产率柱状图，可以看出，球磨 3 min，绿泥石体积含量为 100%，75%，50%，25%时，该混合矿原−0.5 + 0.25 mm 粒级绿泥石的产率分别为 34.95%，56.07%，56.73%，52.79%，单独球磨绿泥石时，−0.5 + 0.25 mm 粒级的绿泥石产率低于存在赤铁矿时绿泥石的产率，即赤铁矿的存在严重地阻碍了绿泥石的磨碎。同时，可以发现磨矿产品中−0.25 + 0.15，−0.1 + 0.044，−0.044 mm 粒级的产率，单独球磨绿泥石时的产率明显高于存在赤铁矿时的产率。球磨 3 min，绿泥石体积含量为 100%，75%，50%，25%时，−0.044 mm 粒级的绿泥石产率分别为 19.3%，8.94%，8.48%，9.18%。因此，赤铁矿的存在能降低细粒中绿泥石的产率，弱化绿泥石的泥化现象。

4.2.5　赤铁矿−菱铁矿二元混合矿的磨矿特性研究

4.2.5.1　赤铁矿与菱铁矿混合比例对破碎速率函数的影响

对−0.5 + 0.25 mm 粒级的赤铁矿−菱铁矿二元混合矿进行分批湿式球磨试验。试验数据代入公式（2.9），计算结果如图 4.34 所示。

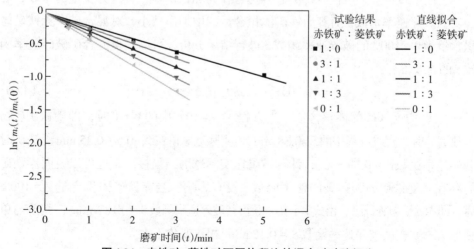

图 4.34　赤铁矿−菱铁矿不同体积比的混合矿破碎行为

由图4.34可知，该混合矿的磨矿动力学行为也符合一阶线性规律。混合矿中的赤铁矿与菱铁矿体积比为1∶0，3∶1，1∶1，1∶3，0∶1时，该混合矿的直线斜率（即破碎速率函数S_i）依次为0.18，0.23，0.27，0.32，0.39。可以看出，不存在赤铁矿时，即菱铁矿单独磨碎时，直线的斜率最高，其值为0.39。随着赤铁矿含量的增加，混合矿的直线斜率逐渐降低，当赤铁矿单独磨碎时，该直线的斜率最低，其值为0.18。

在磨碎赤铁矿-菱铁矿两相体系的混合矿中，不同体积含量的赤铁矿（也可以为不同体积含量的菱铁矿），混合矿的破碎速率函数S_i与混合矿中赤铁矿体积含量的关系如图4.35所示。

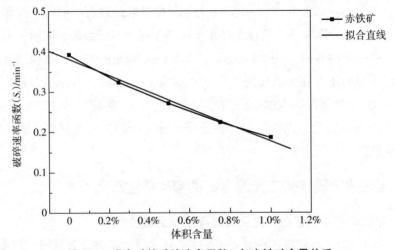

图4.35　混合矿的破碎速率函数S_i与赤铁矿含量关系

由图4.35可知，以混合矿的破碎速率作为赤铁矿体积含量为变量的函数，混合矿的破碎速率函数S_i随着赤铁矿体积含量的增加而减小，对混合矿中赤铁矿体积含量为0～100%的破碎速率函数S_i进行结果分析，可以获得混合矿破碎速率函数S_i的直线方程：

$$S_i = -0.205V_2 + 0.382 \quad (0.25 \leqslant V_2 \leqslant 1) \tag{4.10}$$

式中，V_2为赤铁矿的体积含量。当方程式（4.10）中的$V_2 = 0$时，即菱铁矿矿物单独磨碎时，直线方程中的$S_i = 0.38\,\text{min}^{-1}$，实际球磨单粒级$-0.5 + 0.25\,\text{mm}$菱铁矿时磨碎速率函数$S_i = 0.39\,\text{min}^{-1}$，计算结果比实际球磨结果接近，也可以说明赤铁矿的存在对菱铁矿的磨矿破碎速率函数S_i没有影响。当赤铁矿体积含量$V_2 = 100\%$时，即赤铁矿单独球磨，由式（4.10）获得其破碎速率函数$S_i = 0.187\,\text{min}^{-1}$，其值与单独球磨赤铁矿的破碎速率函数$S_i = 0.18\,\text{min}^{-1}$相比变化不大。

为更明确球磨 -0.5 + 0.25 mm 单粒级赤铁矿–菱铁矿二元混合矿中，单矿物赤铁矿和菱铁矿的破碎速率函数的变化，单矿物赤铁矿和绿泥石的破碎速率函数 S_i 与它们的体积含量之间的关系分别如图 4.36 所示。

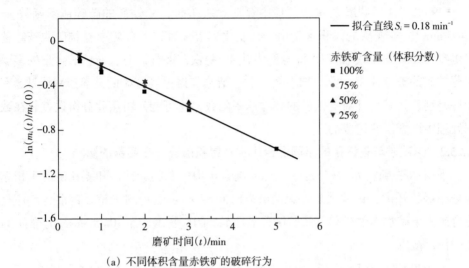

（a）不同体积含量赤铁矿的破碎行为

（b）不同体积含量菱铁矿的破碎行为

图 4.36　不同体积含量赤铁矿和菱铁矿在赤铁矿–菱铁矿混合矿中的破碎行为

由图 4.36 可知，赤铁矿–菱铁矿二元混合矿体系中的单矿物赤铁矿和菱铁矿的破碎行为都仍符合一阶磨矿动力学方程。图 4.36（a）给出了混合矿中不同体积含量赤铁矿的破碎速率函数 S_i，对于赤铁矿组分来说，无论单独球磨赤铁矿还是存在不同体积含量的菱铁矿，赤铁矿的破碎速率函数 S_i 保持不变，赤铁矿的破碎速率函数S_i值仍为0.18 min^{-1}，即菱铁矿的存在与否，该球磨试验对赤铁矿的破碎速率函数没有影响。图4.36（b）给出了混合矿中不同体积含量菱铁矿的破碎速率函数，单独磨碎-0.5 + 0.25 mm单粒级菱铁矿时，菱铁矿的破碎速率函数$S_i = 0.39$ min^{-1}，当球磨菱铁矿过程中存在赤铁矿时，菱铁矿的破碎速率函数$S_i = 0.405$ min^{-1}，菱铁矿的体积含量由75%变化到25%时，混合矿中菱铁矿的破碎速率函数S_i值都是0.405 min^{-1}，即球磨赤铁矿-菱铁矿混合矿时，赤铁矿含量的多少对菱铁矿的破碎速率函数影响不大。上述结论与讨论混合矿的破碎速率函数S_i有少许差别，尤其是针对菱铁矿的破碎速率函数，这可能是由实验分析误差和在数据处理中计算误差造成的。

4.2.5.2 赤铁矿与菱铁矿的不同混合比例对累积破碎分布函数的影响

采用B_{II}法确定赤铁矿-菱铁矿二元混合矿中单矿物赤铁矿和菱铁矿的累积破碎分布函数B_{ij}值，试验数据选取的磨矿时间$t = 1$ min，此时无论是该混合矿还是混合矿中单矿物赤铁矿和菱铁矿仅有不足44%的矿物磨碎至-0.25 mm，仍符合B_{II}法的使用范围。

采用单粒级-0.5 + 0.25 mm赤铁矿-菱铁矿不同体积比的混合矿物球磨1 min的试验结果，通过对各粒级混合矿中赤铁矿和菱铁矿的含量进行化学检测分析，各粒级产品中赤铁矿和菱铁矿的含量分别代入式（2.32）可以求出赤铁矿和菱铁矿在不同体积含量混合矿中的累积破碎分布函数B_{ij}。赤铁矿和菱铁矿的累积破碎分布函数B_{ij}分别作为相对粒级尺寸（x_i/x_j，$j = 1$，$x_j = 0.5$ mm）的函数，结果如图4.37所示。

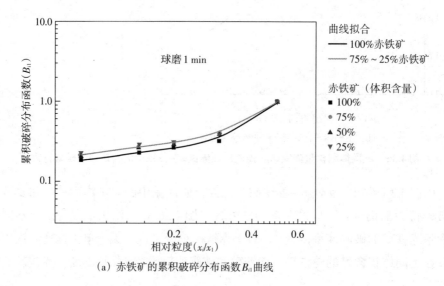

（a）赤铁矿的累积破碎分布函数B_{i1}曲线

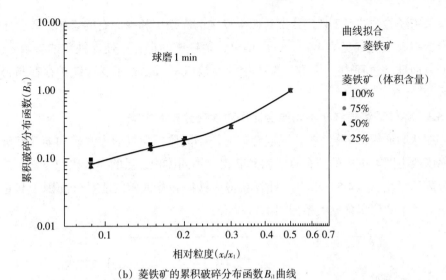

（b）菱铁矿的累积破碎分布函数B_{i1}曲线

图4.37　球磨赤铁矿–菱铁矿两种混合矿中赤铁矿和菱铁矿的累积破碎分布函数B_{i1}曲线

如图4.37（a）所示，存在较低硬度菱铁矿与单独球磨赤铁矿相比，它的累积破碎分布函数B_{i1}值整体增加，根据累积破碎分布函数的定义，可以表明，菱铁矿的存在减少了赤铁矿在磨矿产品中各粒级的分布，有效地阻止了赤铁矿的破碎行为。而球磨混合矿过程中，赤铁矿的体积含量从75%变化到25%时，它的累积破碎分布函数B_{i1}并不变。由图4.37（b）可知，无论菱铁矿单独球磨还是与存在赤铁矿的二元混合矿中球磨，菱铁矿的累积破碎分布函数值B_{i1}始终不变，赤铁矿的存在与否，都不影响菱铁矿的累积破碎分布函数B_{i1}。

根据图4.37获得赤铁矿–菱铁矿二元混合矿中不同体积含量的赤铁矿和菱铁矿累积破碎分布函数B_{i1}的曲线图，采用经验公式法［式（2.41）］分别拟合该混合矿中赤铁矿和菱铁矿累积破碎分布函数B_{i1}中的φ，γ，β的值，赤铁矿和菱铁矿累积破碎分布函数B_{i1}中的φ，γ，β的值见表4.5。

表4.5　不同含量赤铁矿和菱铁矿的累积破碎分布函数的参数值

参数	单独球磨 赤铁矿的参数值	存在菱铁矿获得的 赤铁矿参数值	不同体积含量的 菱铁矿参数值
γ	0.43	0.42	0.90
φ	0.76	0.85	0.83
β	3.01	2.72	3.81

采用经验公式（2.41）分别对图4.37中的赤铁矿和绿泥石的累积破碎分布函数参数拟合优化（见表4.5），可以得出，菱铁矿的存在，使赤铁矿的参数 φ，β 改变。而球磨过程中，菱铁矿的 B_{i1} 中的参数值 γ，φ，β 不受赤铁矿存在与否的影响。

4.2.5.3 赤铁矿和菱铁矿不同混合比例对能耗分布的影响

在球磨赤铁矿–菱铁矿二元混合矿时，不同体积含量的赤铁矿和菱铁矿破碎速率函数由图4.36中的拟合直线斜率获得，不同体积含量的赤铁矿和菱铁矿的能量分配因子由式（4.5）求出。计算获得赤铁矿和菱铁矿的能量分配因子与它们在混合矿中的体积含量关系如图4.38所示。

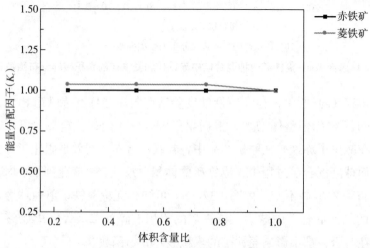

图4.38　赤铁矿–菱铁矿混合矿中每种组分混合比例对能量分配因子的影响

由图4.38可知，无论单独球磨赤铁矿还是存在菱铁矿组分时球磨赤铁矿，赤铁矿的能量分配因子 $K_c = 1$，由式（4.4）可知，菱铁矿的存在与否，球磨赤铁矿–菱铁矿混合矿时与单独球磨赤铁矿时，混合矿中赤铁矿的比能耗 E_{cm} 等于单独球磨赤铁矿的比能耗 E_{ca}，即菱铁矿的存在，对赤铁矿的破碎影响可以忽略不计。含有赤铁矿组分时，菱铁矿的能量分配因子 $K_c = 1.04$，当赤铁矿的体积含量由25%变化到75%时，它的能量分配因子 K_c 仍为1.04。由式（4.4）可以看出，球磨赤铁矿–菱铁矿混合矿与单独球磨菱铁矿时相比，混合矿中菱铁矿的比能耗 E_{cm} 略大于单独球磨菱铁矿的比能耗 E_{ca}，即赤铁矿的存在对促进菱铁矿吸收磨矿比能耗的功效是有限的，也可以认为对菱铁矿的破碎特性影响很小，可以忽略不计。

4.2.5.4　模拟计算球磨赤铁矿-菱铁矿二元混合矿体系的粒度分布

球磨赤铁矿-菱铁矿二元混合矿时，不同体积含量的赤铁矿和菱铁矿的破碎速率函数 S_i 值由图4.36获得，累计破碎分布函数 B_{i1} 可以分别采用式（2.41）和表4.5中的破碎分布函数参数计算获取。

球磨后混合矿产品的第 i 粒级中，将赤铁矿和菱铁矿的产率 $m_{Ai}(t)$ 和 $m_{Bi}(t)$ 分别代入式（2.3）模拟计算粒级分布，最终将计算获得的赤铁矿的 $m_{Ai}(t)$ 和菱铁矿的 $m_{Bi}(t)$ 粒级分布数据结果带入式（4.6）中，即可以对混合矿的粒级分布进行模拟计算。

在不同赤铁矿和菱铁矿体积比条件下，球磨粒级为 $-0.5+0.25\ \text{mm}$ 的单粒级赤铁矿-菱铁矿混合矿，混合矿产品的粒度分布模拟计算和试验结果如图4.39所示。由图4.39可知，采用总体平衡磨矿动力学模型，模拟计算结果与球磨试验结果吻合度较高（误差不超过3%）。说明前述所获得的该混合矿中赤铁矿和菱铁矿的磨矿特性参数（破碎速率函数 S_i 和累积破碎分布函数 B_{ij}）是正确的，可以认为该数学模型可以对单粒级（$-0.5+0.25\ \text{mm}$）赤铁矿-菱铁矿混合矿的磨矿产品粒度分布进行理论分析计算。

由图4.39（a）可知，球磨赤铁矿与菱铁矿体积含量比为1∶1的混合矿时，随着磨矿时间的增加，混合矿的磨矿产品各粒级的产率增加，当磨矿时间为0.5，1，2，3 min时，$-0.044\ \text{mm}$ 粒级的混合矿累积产率分别为2.15%，3.99%，7.31%，10.76%，$-0.25\ \text{mm}$ 粒级的混合矿累积产率分别为18.5%，31.72%，43.88%，56.69%。

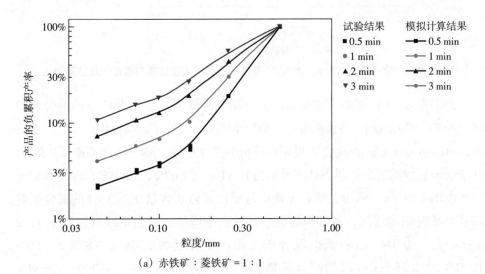

（a）赤铁矿∶菱铁矿 = 1∶1

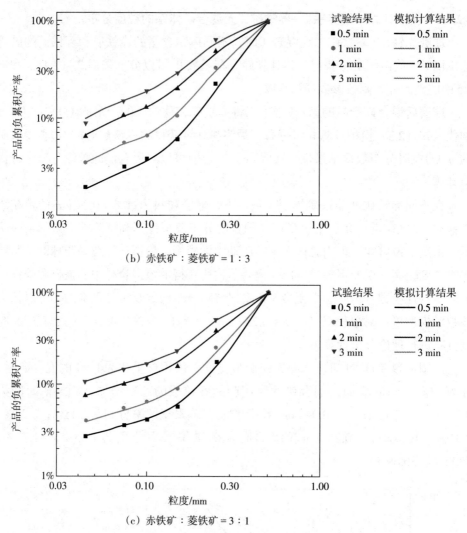

（b）赤铁矿：菱铁矿 = 1：3

（c）赤铁矿：菱铁矿 = 3：1

图 4.39　球磨−0.5 + 0.25 mm 赤铁矿−菱铁矿混合矿试验结果与模拟计算结果对比

由图 4.39（b）可知，球磨赤铁矿与菱铁矿体积含量比为 1：3 的混合矿时，随着磨矿时间的增加，各粒级混合矿的产率增加，当磨矿时间为 0.5，1，2，3 min 时，−0.044 mm 粒级的混合矿累积产率分别为 1.84%，3.45%，6.66%，9.82%，−0.25 mm 粒级的混合矿累积产率分别为 19.81%，32.67%，50.98%，64.97%。

由图 4.39（c）可知，球磨赤铁矿与菱铁矿体积含量比为 3：1 的混合矿时，随着磨矿时间的增加，各细粒级混合矿的产率增加，当磨矿时间为 0.5，1，2，3 min 时，−0.044 mm 粒级的混合矿累积产率分别为 2.73%，3.87%，7.59%，10.81%，−0.25 mm 粒级的混合矿累积产率分别为 14.27%，20.79%，36.84%，

49.27%。可以看出，相同球磨时间内，尽管混合矿中赤铁矿与菱铁矿体积比不同，混合矿−0.044 mm粒级产品的产率相差不大，而随着赤铁矿比例的增加，混合矿粗粒级−0.25 mm粒级产品的产率逐渐减小。

为更清楚地研究球磨−0.5 + 0.25 mm赤铁矿−菱铁矿二元混合矿体系过程中，两种矿物（赤铁矿和菱铁矿）的相互作用影响，图4.40给出了不同体积含量的赤铁矿和菱铁矿在磨矿1 min时，各粒级中赤铁矿和菱铁矿的产率变化。

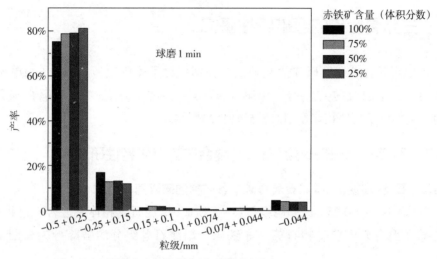

（a）不同体积含量的赤铁矿各粒级产率分布

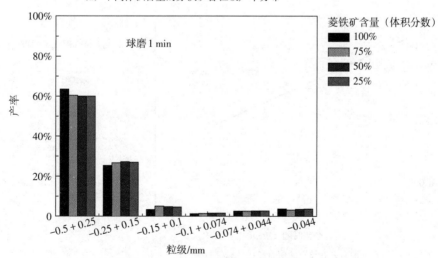

（b）不同体积含量的菱铁矿各粒级产率分布

图4.40　在赤铁矿−菱铁矿混合矿中，不同体积含量的赤铁矿和菱铁矿各粒级产率分布

图4.40（a）为混合矿中赤铁矿不同体积含量的球磨产率柱状图，球磨

1 min，赤铁矿体积含量为100%，75%，50%，25%时，$-0.5+0.5$ mm粒级赤铁矿的产率分别为75.27%，79.00%，79.05%，81.35%。可以发现，菱铁矿的存在，弱化了赤铁矿的磨碎行为。另外，单独球磨菱铁矿与存在赤铁矿时相比，赤铁矿体积含量为100%，75%，50%，25%时，-0.044 mm粒级的赤铁矿产率分别为3.76%，3.32%，3.50%，3.69%，-0.044 mm粒级中的菱铁矿产率也变化不大，可以说明，赤铁矿存在对菱铁矿各粒级的产率没有影响。

4.3   三元混合矿的磨矿特性研究

在二元混合矿球磨研究的基础上，分别探讨了体积比为1:1:1的单粒级（$-0.5+0.25$ mm）石英–赤铁矿–绿泥石和石英–赤铁矿–菱铁矿三元混合矿球磨过程中，主要单矿物的相互作用对磨矿特性的影响。

4.3.1   石英–赤铁矿–绿泥石三元混合矿的磨矿特性研究

4.3.1.1   石英–赤铁矿–绿泥石混合矿中各矿物的破碎速率函数

在球磨$-0.5+0.25$ mm单粒级石英–赤铁矿–绿泥石三相体系混合矿过程中，混合矿及混合矿中单矿物石英、赤铁矿、绿泥石各组分的破碎行为如图4.41所示。

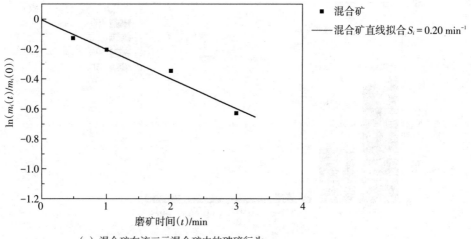

（a）混合矿在该三元混合矿中的破碎行为

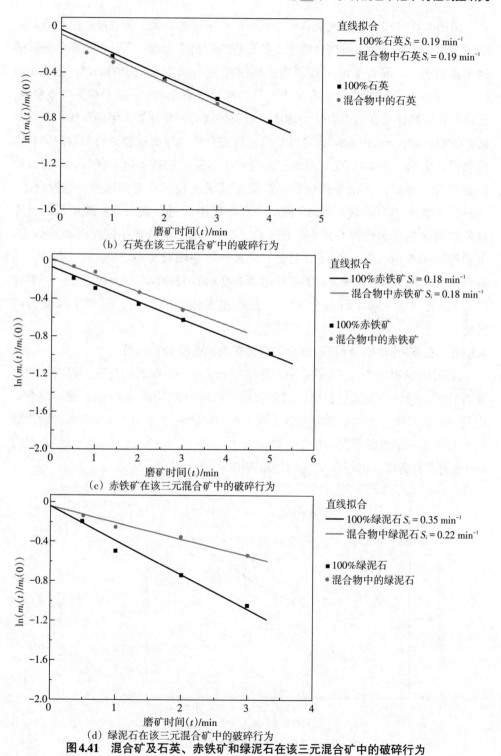

直线拟合
—— 100%石英 $S_i = 0.19\ \mathrm{min^{-1}}$
—— 混合物中石英 $S_i = 0.19\ \mathrm{min^{-1}}$

■ 100%石英
● 混合物中的石英

（b）石英在该三元混合矿中的破碎行为

直线拟合
—— 100%赤铁矿 $S_i = 0.18\ \mathrm{min^{-1}}$
—— 混合物中赤铁矿 $S_i = 0.18\ \mathrm{min^{-1}}$

■ 100%赤铁矿
● 混合物中的赤铁矿

（c）赤铁矿在该三元混合矿中的破碎行为

直线拟合
—— 100%绿泥石 $S_i = 0.35\ \mathrm{min^{-1}}$
—— 混合物中绿泥石 $S_i = 0.22\ \mathrm{min^{-1}}$

■ 100%绿泥石
● 混合物中的绿泥石

（d）绿泥石在该三元混合矿中的破碎行为

图 4.41　混合矿及石英、赤铁矿和绿泥石在该三元混合矿中的破碎行为

由图4.41可知，该三元混合矿及混合矿中单矿物石英、赤铁矿、绿泥石的磨矿动力学行为都符合一阶线性规律，拟合直线的斜率为球磨条件下该矿物的破碎速率函数值 S_i。混合矿的直线斜率，即破碎速率函数 $S_i = 0.20$ min^{-1} ［见图4.41（a）］。图4.41（b）给出了混合矿中石英的破碎速率函数 S_i，对于石英组分来说，无论单独球磨还是在该混合矿中球磨，石英的破碎速率函数 S_i 保持不变，石英的破碎速率函数 $S_i = 0.19$ min^{-1}，可以看出，该混合矿的球磨试验对石英的破碎速率函数没有影响。图4.41（c）给出了混合矿中赤铁矿的破碎速率函数 S_i，与石英的破碎行为相似，无论单独球磨赤铁矿还是球磨含有石英和绿泥石的混合矿，赤铁矿的破碎速率函数 $S_i = 0.18$ min^{-1}，混合矿中同时存在石英和绿泥石时对赤铁矿的破碎速率函数没有影响。图4.41（d）给出了混合矿中绿泥石破碎行为，单独球磨 $-0.5 + 0.25$ mm绿泥石时，它的破碎速率函数 $S_i = 0.35$ min^{-1}，在该三元混合矿的球磨试验中，绿泥石的破碎速率函数 S_i 值明显减小，$S_i = 0.22$ min^{-1}。即球磨石英–赤铁矿–绿泥石混合矿时，石英和赤铁矿的存在，阻碍了绿泥石的破碎。

4.3.1.2 石英–赤铁矿–绿泥石混合矿中各矿物的破裂分布函数

采用 B_{II} 法确定石英–赤铁矿–绿泥石三元混合矿中单矿物石英、赤铁矿和绿泥石的累积破碎分布函数 B_{ij} 值，试验数据选取的磨矿时间 $t = 2$ min，此时混合矿中的单矿物石英、赤铁矿和绿泥石不到31%的矿物磨碎至 -0.25 mm，单矿物球磨时，磨碎速率最快的绿泥石矿物，当球磨2 min时，$-0.5 + 0.25$ mm的绿泥石仍有46.1%的没有磨碎，仍符合 B_{II} 法的使用范围。

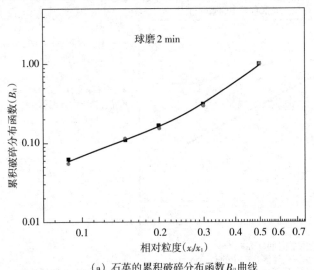

（a）石英的累积破碎分布函数 B_{II} 曲线

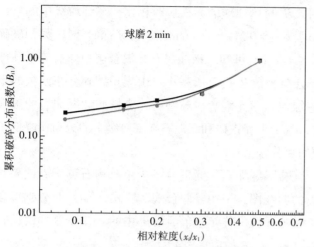

（b）赤铁矿的累积破碎分布函数 B_{i1} 曲线

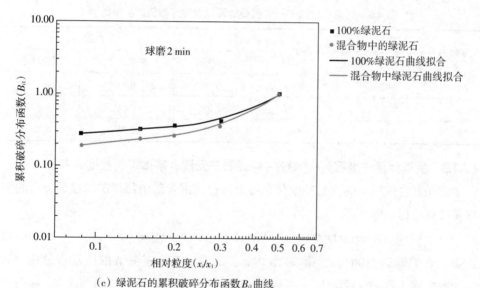

（c）绿泥石的累积破碎分布函数 B_{i1} 曲线

图 4.42　球磨该三元混合矿中石英、赤铁矿和绿泥石的累积破碎分布函数 B_{i1} 曲线

通过对各粒级混合矿中石英、赤铁矿和绿泥石的含量进行化学检测分析，各粒级产品中石英、赤铁矿和绿泥石的含量分别代入式（2.32）可以求出石英、赤铁矿和绿泥石的累积破碎分布函数 B_{ij}。石英、赤铁矿和绿泥石的累积破碎分布函数 B_{ij} 分别作为相对粒级尺寸（x_i/x_j，$j=1$，$x_j=0.5\ \text{mm}$）的函数，结果如图 4.42 所示。

如图 4.42（a）所示，球磨该三元混合矿过程中，石英的累积破碎分布函数 B_{i1} 与单独球磨时一样，没有因赤铁矿和绿泥石的存在而改变。由图 4.42（b）可知，赤铁矿累积破碎分布函数 B_{i1} 与单独球磨赤铁矿时相比，在细粒级中的累积破碎分布函数 B_{i1} 值减小，小于 $x_i/x_1 = 0.2(x_1 = 0.5 \text{ mm}，x_i = 0.1 \text{ mm})$ 时，累积破碎分布函数 B_{i1} 减小明显。由图 4.42（c）可知，该绿泥石在混合矿中球磨与单独球磨相比，绿泥石的累积破碎分布函数 B_{i1} 也有所减小。由累积破碎分布函数的定义可以判定，石英–赤铁矿–绿泥石三元混合矿球磨时，赤铁矿和绿泥石的破碎行为与它们单独球磨时相比，减少了赤铁矿和绿泥石在细粒级中的分布，降低了赤铁矿和绿泥石在细粒级中的百分含量。

根据图 4.42 获得石英–赤铁矿–绿泥石三元混合矿中单矿物石英、赤铁矿和绿泥石累积破碎分布函数 B_{i1} 的曲线图，采用经验公式法〔式（2.41）〕分别拟合该混合矿中石英、赤铁矿和绿泥石累积破碎分布函数 B_{i1} 中的 φ，γ，β 的值，它们的累积破碎分布函数 B_{i1} 中的 φ，γ，β 的值见表 4.6。

表 4.6　石英、赤铁矿和绿泥石的累积破碎分布函数的参数值

参数	石英	赤铁矿		绿泥石	
	单独与混合球磨	单独球磨	混合球磨	单独球磨	混合球磨
γ	0.92	0.43	0.48	0.43	0.47
φ	0.74	0.73	0.65	0.61	0.59
β	4.81	3.01	3.01	2.76	3.31

4.3.1.3　模拟计算球磨石英–赤铁矿–绿泥石三元混合矿体系的粒度分布

三元混合矿体系的产品粒度分布可以通过对混合矿中每种矿物粒级分布的加权和计算获得，即

$$m_i(t) = \theta_1 m_{Ai}(t) + \theta_2 m_{Bi}(t) + (1 - \theta_1 - \theta_2)m_{Ci}(t) \qquad (4.11)$$

式中，θ_1 是球磨时间为 t，第 i 粒级内，三元混合矿中矿物 A 的质量百分比；θ_2 是球磨时间为 t，第 i 粒级内，三元混合矿中矿物 B 的质量百分比；$m_i(t)$、$m_{Ai}(t)$、$m_{Bi}(t)$ 和 $m_{Ci}(t)$ 分别为球磨时间为 t，第 i 粒级内三元混合矿、矿物 A、矿物 B 和矿物 C 的产率。

球磨石英–赤铁矿–绿泥石三相混合体系，石英、赤铁矿和绿泥石的破碎速率函数 S_i 值由图 4.41 获得，累计破碎分布函数 B_{i1} 可以分别采用式（2.41）和表 4.6 中的破碎分布函数参数计算获取。球磨后混合矿产品的第 i 粒级中，将石英、赤铁矿和绿泥石的产率 $m_{Ai}(t)$，$m_{Bi}(t)$，$m_{Ci}(t)$ 分别代入式（2.3）模拟计算它们的粒级分布，最终计算获得的石英的 $m_{Ai}(t)$、赤铁矿的 $m_{Bi}(t)$ 和绿泥石的 $m_{Ci}(t)$ 粒级分布数据结果带入式（4.11）中，即可以对混合矿的粒级分布进行模拟计算。图

4.43给出了混合矿的粒度分布模拟计算结果和试验结果。

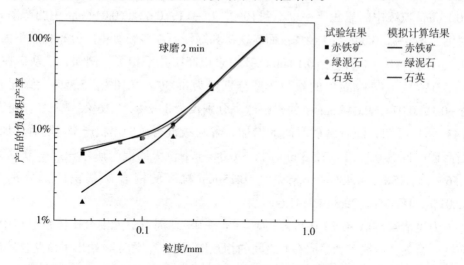

（a）球磨−0.5 + 0.25 mm 石英−赤铁矿−绿泥石混合矿中各单矿物的试验结果与模拟计算结果对比

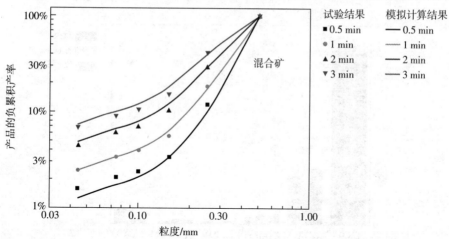

（b）球磨−0.5 + 0.25 mm 石英−赤铁矿−绿泥石混合矿试验结果与模拟计算结果对比

图4.43 球磨−0.5 + 0.25 mm 石英−赤铁矿−绿泥石混合矿试验结果与模拟计算结果对比

由图4.43可知，采用总体平衡磨矿动力学模型，模拟计算结果与球磨试验结果一致，模拟计算结果与试验结果相比，误差不超过1.5%。说明前述所获得的该混合矿中各单矿物的破碎参数（破碎速率函数S_i和累积破碎分布函数B_{ij}）是正确的，可以认为该数学模型能对任意时刻，料球比为0.6的单粒级（−0.5 + 0.25 mm）石英−赤铁矿−绿泥石混合矿的磨矿产品粒度分布进行理论分析计算。图4.39（a）给出了球磨2 min时混合矿中单矿物石英、赤铁矿和绿泥石在各粒级的分布状态。可以看出，石英在-0.044，-0.074，-0.10 mm粒级中的产率很少，在-0.15 mm粒级中的累积产率也不到10%，在-0.1，0.074，0.044 mm中的产率分别仅为4.47%，3.34%，1.61%；而赤铁矿和绿泥石在各粒级中的分布相差不大，尤其在-0.044，-0.074，-0.1 mm粒级中累积产率几乎相等。例如，赤铁矿在-0.1，0.074，0.044 mm中的累积产率分别仅为8.03%，7.18%，5.35%，绿泥石在-0.1，0.074，0.044 mm中的累积产率分别仅为8.02%，7.16%，5.81%。由图4.43（b）可知，随着磨矿时间的增加，各粒级混合矿的累积产率也随着增加，当磨矿时间为0.5，1，2，3 min时，-0.044 mm粒级的混合矿累积产率分别为1.56%，2.45%，4.43%，6.89%，-0.25 mm粒级的混合矿累积产率分别为12.01%，18.47%，29.35%，41.60%。

为更清楚球磨-0.5 + 0.25 mm石英-赤铁矿-绿泥石三元混合矿体系过程中，矿物（石英、赤铁矿和绿泥石）之间的相互作用影响，图4.44给出了该混合矿在球磨2 min时，各粒级中石英、赤铁矿和绿泥石的产率分布。

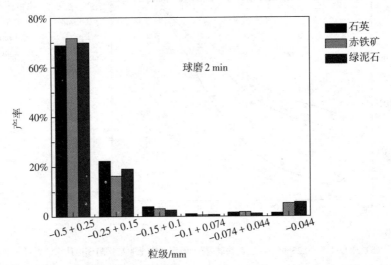

图4.44　在石英-赤铁矿-绿泥石混合矿中，石英、赤铁矿和绿泥石各粒级产率分布

图4.44为混合矿中石英、赤铁矿和绿泥石在各粒级中的产率柱状图，在-0.5 + 0.25 mm粒级中石英、赤铁矿和绿泥石的产率分别为69.05%，71.98%，70.16%，三种矿物被磨碎的产率相差不大；在-0.25 + 0.15 mm粒级中石英、赤铁矿和绿泥石的产率分别为22.45，16.12%，19.25%，球磨后进入这一粒级中的石英含量较多，其次是绿泥石，产率最少的是赤铁矿；-0.044 mm粒级石英、赤铁矿和绿泥石的产率分别为1.61%，5.35%，5.81%，可以发现，-0.044 mm粒级中的石英产

率最低，这是因为石英的硬度相对较高，不容易被磨碎，该粒级产品较少，而赤铁矿和绿泥石的产率近似相等，-0.044 mm 粒级中硬度相对较低的绿泥石矿物含量并不高，石英和赤铁矿的存在，阻碍了绿泥石的磨碎行为。

4.3.2 石英-赤铁矿-菱铁矿三元混合矿的磨矿特性研究

4.3.2.1 石英-赤铁矿-菱铁矿混合矿中各矿物的破碎速率函数

在球磨$-0.5 + 0.25$ mm 单粒级石英-赤铁矿-菱铁矿三元体系混合矿过程中，混合矿及混合矿中单矿物石英、赤铁矿和菱铁矿的破碎行为如图4.45所示。

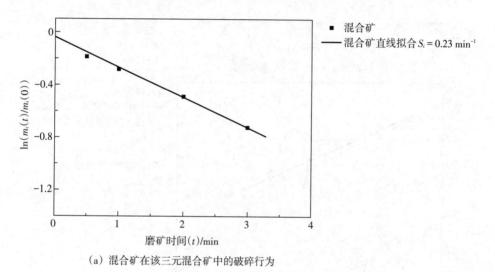

（a）混合矿在该三元混合矿中的破碎行为

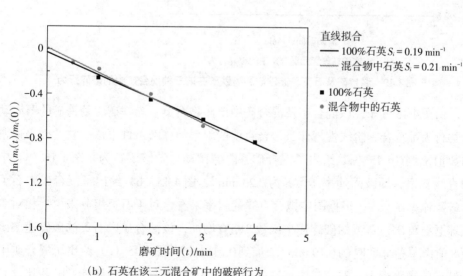

（b）石英在该三元混合矿中的破碎行为

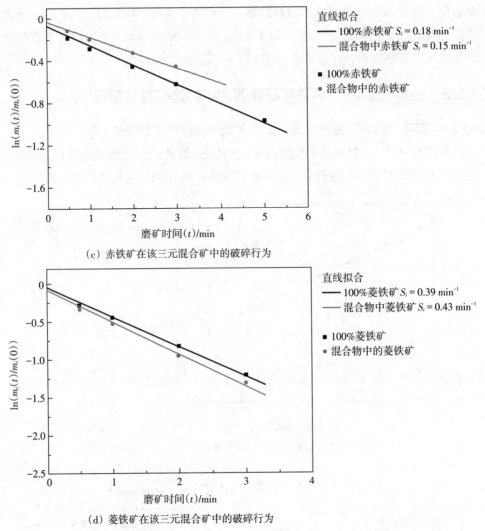

（c）赤铁矿在该三元混合矿中的破碎行为

（d）菱铁矿在该三元混合矿中的破碎行为

图4.45 混合矿及石英、赤铁矿和菱铁矿在该三种混合矿中的破碎行为

由图4.45可知，该混合矿及混合矿中单矿物石英、赤铁矿、菱铁矿的磨矿动力学行为都符合一阶线性规律，拟合直线的斜率为球磨条件下该矿物的破碎速率函数值S_i。图4.45（a）给出了混合矿一阶磨矿动力学破碎行为，图4.45（a）中的直线斜率，即破碎速率函数S_i为0.23 min^{-1}。图4.45（b）给出了混合矿中石英的破碎速率函数S_i，根据图中拟合直线的斜率来看，对于石英组分来说，相对单独球磨石英矿，石英的破碎速率函数S_i略有增加，该混合矿中石英的破碎速率函数S_i值由单独球磨时的0.19 min^{-1}增加到0.21 min^{-1}。图4.45（c）给出了混合矿中赤铁矿的磨矿行为，混合矿中赤铁矿破碎速率函数S_i与单独球磨赤铁矿相比，它的破碎速率函数S_i值降低到0.15 min^{-1}，混合矿中同时存在石英和菱铁矿对赤铁矿的破碎速率函数有一定的影响。图4.45（d）给出了混合矿中菱铁矿一阶动力学破碎行为，单独球磨$-0.5 + 0.25$ mm菱铁矿时，它的破碎速率函数$S_i = 0.39$ min^{-1}，在该三元混合矿的球磨试验中，菱铁矿的破碎速率函数S_i值明显升高，$S_i = 0.43$ min^{-1}，可以得出，球磨石英-赤铁矿-菱铁矿混合矿时，石英和赤铁矿的存在，进一步加快了菱铁矿的破碎行为。

4.3.2.2 石英-赤铁矿-菱铁矿混合矿中各矿物的破裂分布函数

采用B_{II}法确定石英-赤铁矿-菱铁矿三元混合矿中单矿物石英、赤铁矿和菱铁矿的累积破碎分布函数B_{ij}值。试验数据选取的磨矿时间$t = 2$ min，此时混合矿中菱铁矿的磨碎速率最快，但仍有39%的菱铁矿没有磨碎，单矿物球磨时，磨碎速率最快的为菱铁矿矿物，$-0.5 + 0.25$ mm粒级的菱铁矿仍有43.85%没有磨碎，仍可以采用B_{II}法。石英、赤铁矿和菱铁矿的累积破碎分布函数B_{ij}如图4.46所示。

如图4.46（a）所示，在球磨该三元混合矿过程中，石英的累积破碎分布函数B_{i1}与单独球磨时一样，没有因赤铁矿和菱铁矿的存在而改变。同样，由图4.46（b）和图4.46（c）可知，赤铁矿和菱铁矿的累积破碎分布函数B_{i1}与单独球磨赤铁矿和菱铁矿时相比，赤铁矿和菱铁矿的累积破碎分布函数B_{i1}值都没有改变。由累积破碎分布函数的定义可以判定，石英-赤铁矿-菱铁矿三元混合矿球磨时，石英、赤铁矿和菱铁矿的磨碎行为与它们单独球磨时相比，磨碎后的产品在各粒级中的分布规律是不变的。

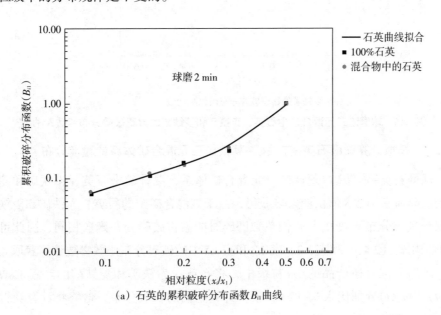

（a）石英的累积破碎分布函数B_{i1}曲线

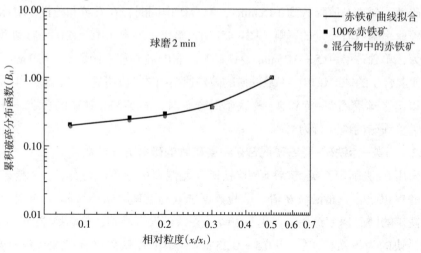

（b）赤铁矿的累积破碎分布函数B_{i1}曲线

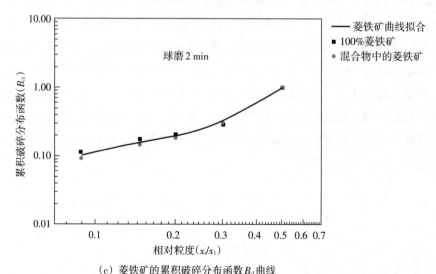

（c）菱铁矿的累积破碎分布函数B_{i1}曲线

图4.46　球磨该三元混合矿中石英、赤铁矿和菱铁矿的累积破碎分布函数B_{i1}曲线

4.3.2.3　模拟计算球磨石英-赤铁矿-菱铁矿三元混合矿体系的粒度分布

球磨石英-赤铁矿-菱铁矿三元混合矿体系，混合矿中石英、赤铁矿和菱铁矿的破碎速率函数S_i值由图4.45获得，由于该混合矿中的石英、赤铁矿和菱铁矿的累计破碎分布函数B_{i1}与它们单独磨碎时的累积破碎分布函数相同，因此可以分别采用式（2.41）和表3.2、表3.3和表3.5中的破碎分布函数参数计算获取。

球磨后混合矿产品的第i粒级中，将石英、赤铁矿和菱铁矿的产率$m_{Ai}(t)$、$m_{Bi}(t)$和$m_{Ci}(t)$分别代入式（2.4）模拟计算它们的粒级分布，最终将计算获得的

石英的 $m_{Ai}(t)$、赤铁矿的 $m_{Bi}(t)$ 和菱铁矿的 $m_{Ci}(t)$ 粒级分布数据结果带入式（4.11）中，即可以对混合矿的粒级分布进行模拟计算。图 4.47 给出了混合矿中各单矿物及混合矿的粒度分布模拟计算结果和试验结果。

由图 4.47 可知，采用总体平衡磨矿动力学模型，模拟计算结果与球磨试验结果一致，模拟计算结果与试验结果相比，最大误差不超过 3%。说明前述所获得的该混合矿中各单矿物的破碎参数（破碎速率函数 S_i 和累积破碎分布函数 B_{ij}）是正确的，可以认为该数学模型可以对单粒级−0.5＋0.25 mm 石英−赤铁矿−菱铁矿三元混合矿的磨矿产品粒度分布进行理论分析计算。

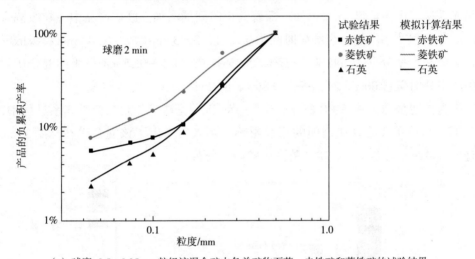

（a）球磨−0.5＋0.25 mm 粒级该混合矿中各单矿物石英、赤铁矿和菱铁矿的试验结果

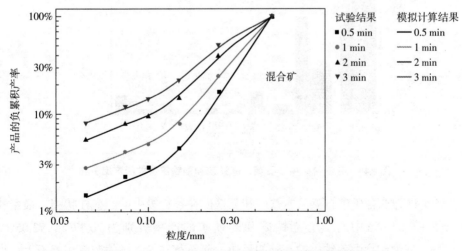

（b）球磨−0.5＋0.25 mm 粒级该混合矿试验结果与模拟计算结果对比

图 4.47　球磨−0.5＋0.25 mm 粒级该混合矿试验结果与模拟计算结果对比

图 4.47（a）给出了球磨 2 min 时混合矿中单矿物石英、赤铁矿和菱铁矿在各粒级的分布状态。可以看出，石英在−0.1，−0.074，−0.044 mm 三个粒级中的产率很少，在−0.1，−0.074，−0.044 mm 中的累积产率分别仅为 5.11%，4.04%，2.32%；而石英和赤铁矿在−0.15，−0.25 mm 中的累积产率相差不大，石英和赤铁矿在−0.25 mm 粒级中累积产率分别为 29.63%、27.96%。石英和赤铁矿在−0.15 mm 粒级中累积产率分别为 8.79%，10.56%，但在−0.1，−0.074，−0.044 mm 粒级中赤铁矿累积产率明显高于石英。另外，菱铁矿在−0.1，−0.074，−0.044 mm 中的累积产率分别为 14.83%，12.18%，7.72%，菱铁矿在这三个粒级中的产率明显高于石英和赤铁矿。由图 4.47（b）可知，随着磨矿时间的增加，磨矿产品中各粒级混合矿的负累积产率增加，当磨矿时间为 0.5，1，2，3 min 时，−0.044 mm 粒级的混合矿累积产率分别为 1.48%，2.77%，5.45%，7.72%，−0.25 mm 粒级的混合矿累积产率分别为 17.06%，24.57%，39.86%，51.25%。

为更清楚球磨−0.5 + 0.25 mm 石英−赤铁矿−菱铁矿三元混合矿体系过程中，石英、赤铁矿和菱铁矿之间的相互影响，图 4.48 给出了该混合矿在球磨 2 min时，各粒级中石英、赤铁矿和菱铁矿的产率分布。

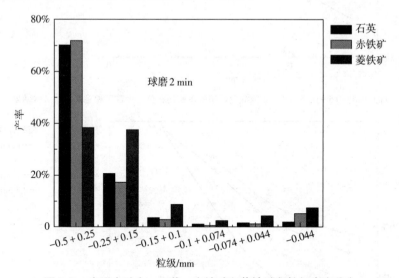

图 4.48　在混合矿中，石英、赤铁矿和菱铁矿各粒级产率分布

图 4.48 为混合矿中石英、赤铁矿和菱铁矿在各粒级中的产率柱状图，最粗粒级−0.5 + 0.25 mm 中石英、赤铁矿和菱铁矿的产率分别为 70.37%，72.05%，38.57%，三种矿物中菱铁矿被磨碎的最快，而石英和赤铁矿的产率相差不大；另外，在−0.25 + 0.15 mm 中石英、赤铁矿和菱铁矿的产率分别为 20.84%，17.4%，

37.7%，球磨后进入到这一粒级中的菱铁矿含量较多，在其他粒级中的产品也可以发现菱铁矿的产率较高。-0.044 mm 粒级石英、赤铁矿和菱铁矿的产率分别为2.32%，5.58%，7.72%，可以发现，-0.044 mm 粒级中的石英产率最低，这是因为石英的硬度相对于赤铁矿和菱铁矿的硬度较高，不容易被磨碎，-0.044 mm 粒级产品较少，而菱铁矿的产率高达7.72%，-0.044 mm 粒级中硬度较低的菱铁矿含量相对较高。

4.4　人工（四元）混合矿的磨矿特性研究

在对单矿物石英、赤铁矿、绿泥石和菱铁矿，以及它们的两相体系和三元体系混合矿磨矿特性研究的基础上，本节将采用石英、赤铁矿、绿泥石和菱铁矿人工（四元）混合矿来研究东鞍山铁矿石的磨矿特性，主要目的是进一步研究实际矿石磨矿过程中各种矿物的相互作用影响、矿物在各粒级中的分布特点、主要矿物的破碎特征（主要指破碎速率函数及累计破碎分布函数）等。根据人工（四元）混合矿磨矿特性揭示实际球磨过程中出现的粒级分布机制，以期为优化东鞍山铁矿的磨矿工艺提供理论指导。

球磨人工（四元）混合矿的磨矿试验方案与球磨单矿物、二元体系和三元体系混合矿相同。矿样也采用单粒级-0.5 + 0.25 mm 矿样，料球比约为0.6，人工（四元）混合矿按照体积质量比混合，每次球磨矿物的总质量为180 g，人工（四元）混合矿的全铁品位为33.6%（实际矿石的全铁品位为33.45%），人工（四元）混合矿的矿样配比方案如表4.7所示。

表4.7　人工（四元）混合矿的矿样配比方案

单矿物	质量/g	理论配比	TFe
石英	70.0	45%	—
赤铁矿	92.0	45%	62.57%
绿泥石	10.8	6%	1.58%
菱铁矿	7.2	4%	40.53%

4.4.1 人工（四元）混合矿中各矿物的破碎速率函数

在球磨-0.5 + 0.25 mm单粒级人工（石英-赤铁矿-绿泥石-菱铁矿四相体系）混合矿过程中，混合矿及混合矿中单矿物石英、赤铁矿、绿泥石、菱铁矿的破碎行为如图4.49所示。由图4.49可知，该人工混合及混合矿中单矿物石英、赤铁矿、菱铁矿和绿泥石的磨矿动力学行为都符合一阶线性规律，图中拟合直线的斜率为球磨条件下该矿物的破碎速率函数值 S_i。

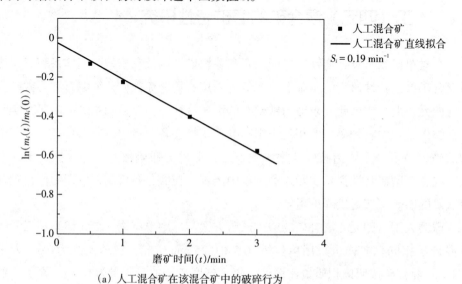

（a）人工混合矿在该混合矿中的破碎行为

（b）石英在该混合矿中的破碎行为

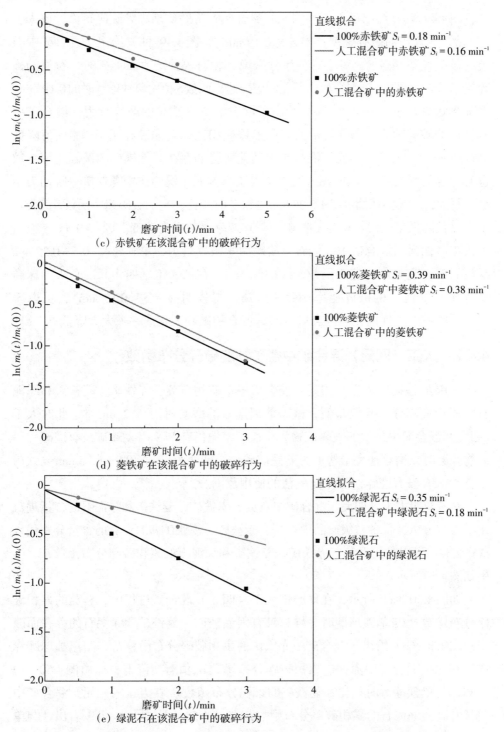

（c）赤铁矿在该混合矿中的破碎行为

（d）菱铁矿在该混合矿中的破碎行为

（e）绿泥石在该混合矿中的破碎行为

图4.49　人工混合矿及石英、赤铁矿、菱铁矿和绿泥石在该混合矿中的破碎行为

图 4.49（a）给出了人工（四元）混合矿一阶磨矿动力学破碎行为，该人工（四元）混合矿的破碎速率函数 S_i 为 0.19 min^{-1}。图 4.49（b）给出了混合矿中石英的破碎速率函数 S_i，对于石英组分来说，相对单独球磨石英矿时，石英的破碎速率函数 S_i 增加，该混合矿中石英的破碎速率函数 S_i 值由单独球磨时的 0.19 min^{-1} 增加到 0.22 min^{-1}。图 4.49（c）给出了混合矿中赤铁矿的磨碎行为，混合矿中赤铁矿的破碎速率函数 S_i 与单独球磨赤铁矿相比，它的破碎速率函数 S_i 值降低到 0.16 min^{-1}，人工（四元）混合矿中其他矿物的存在对赤铁矿的破碎速率函数也有一定的影响。图 4.49（d）给出了人工（四元）混合矿中菱铁矿一阶动力学破碎行为，与单独球磨-0.5 + 0.25 mm 菱铁矿时相比，它的破碎速率函数 S_i 值变化不大（仅降低了 1%），认为菱铁矿的破碎速率函数没有改变。图 4.49（e）给出了人工（四元）混合矿中绿泥石一阶动力学破碎行为，单独球磨-0.5 + 0.25 mm 绿泥石时，它的破碎速率函数 $S_i = 0.35$ min^{-1}，在该人工（四元）混合矿的球磨试验中，绿泥石的破碎速率函数 S_i 值减少得较明显，$S_i = 0.18$ min^{-1}，可以得出，球磨该人工（四元）混合矿时，绿泥石的破碎泥化速率被大大降低。

4.4.2　人工（四元）混合矿中各矿物的破碎分布函数

采用 B_{II} 法确定人工（四元）混合矿中单矿物石英、赤铁矿、菱铁矿和绿泥石的累积破碎分布函数 B_{ij} 值，试验数据选取的磨矿时间 $t = 2$ min 时，此时人工（四元）混合矿中最快的破碎矿物为菱铁矿，但仍有 37.98% 菱铁矿没有破碎，单矿物球磨时，磨碎速率最快的为菱铁矿矿物，球磨 2 min，-0.5 + 0.25 mm 菱铁矿仍有 43.85% 没有磨碎，都符合 B_{II} 法的使用范围。

对各粒级人工（四元）混合矿中石英、赤铁矿、菱铁矿和绿泥石的含量进行化学检测分析，将各粒级产品中石英、赤铁矿、菱铁矿和绿泥石的含量分别代入式（2.32）可以求出石英、赤铁矿、菱铁矿和绿泥石的累积破碎分布函数 B_{ij}，结果如图 4.50 所示。

如图 4.50（a）所示，在球磨该人工（四元）混合矿过程中，石英的累积破碎分布函数 B_{i1} 与单独球磨时一样，没有因赤铁矿、菱铁矿和绿泥石的存在而改变；图 4.50（b）给出了混合矿中赤铁矿的累积破碎分布函数 B_{i1}，与单独球磨赤铁矿相比，混合矿中赤铁矿累积破碎分布函数 B_{i1} 值有所降低；而由图 4.50（c）可知，与单独球磨时相比，菱铁矿的累积分布函数 B_{i1} 在人工（四元）混合矿中明显升高；绿泥石的累积破碎分布函数 B_{i1} 如图 4.50（d）所示，可以看出，与单独球磨相比，细粒级别的累积破碎分布函数 B_{i1} 有所降低。由累积破碎分布函数的定义可以判定，人工（四元）混合矿球磨时，石英、赤铁矿、菱铁矿和绿泥石的破碎行为与它们单独球磨时相比，石英破碎后的产品在各粒级中的分布规律是不变的，赤铁矿和绿泥石的磨矿产品在细粒级中的分布降低，而菱铁矿的磨矿产品在细粒级中的分布明显增加。

根据图 4.50 获得人工（四元）混合矿中单矿物石英、赤铁矿、菱铁矿和绿泥石累积破碎分布函数 B_{i1} 的曲线图，采用经验公式法［式（2.39）］分别拟合该混合矿中石英、赤铁矿、菱铁矿和绿泥石累积破碎分布函数 B_{i1} 中的 φ，γ，β 的值，它们的累积破碎分布函数 B_{i1} 中的 φ，γ，β 的值见表 4.8。

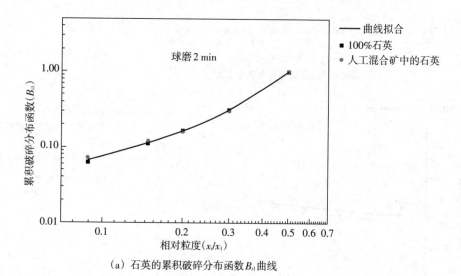

（a）石英的累积破碎分布函数 B_{i1} 曲线

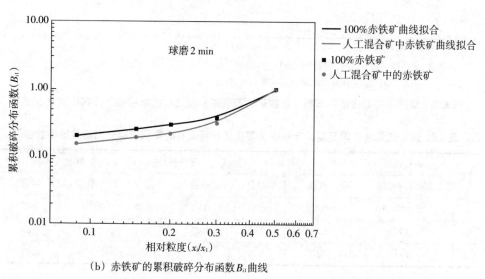

（b）赤铁矿的累积破碎分布函数 B_{i1} 曲线

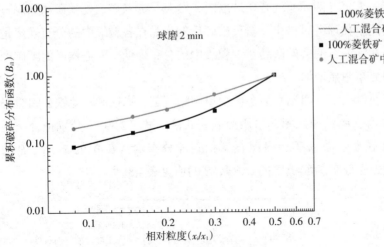

（c）菱铁矿的累积破碎分布函数B_{i1}曲线

（d）绿泥石的累积破碎分布函数B_{i1}曲线

图4.50 球磨人工混合矿中石英、赤铁矿、菱铁矿和绿泥石的累积破碎分布函数B_{i1}曲线

表4.8 球磨该混合矿时石英、赤铁矿、菱铁矿和绿泥石的累积破碎分布函数的参数值

参数	石英球磨	赤铁矿球磨		菱铁矿球磨		绿泥石球磨	
	单独与混合	单独	混合	单独	混合	单独	混合
γ	0.92	0.43	0.44	0.90	0.77	0.43	0.47
φ	0.74	0.76	0.45	0.83	0.94	0.61	0.69
β	4.81	3.01	3.97	3.81	2.59	2.76	2.79

4.4.3　模拟计算球磨人工（四元）混合矿体系的粒度分布

人工（四元）混合矿体系的产品粒度分布可以通过对混合矿中每种矿物粒级分布的加权和计算获得，即

$$m_i(t) = \theta_1 m_{Ai}(t) + \theta_2 m_{Bi}(t) + \theta_3 m_{Ci}(t) + (1 - \theta_1 - \theta_2 - \theta_3) m_{Di}(t) \qquad (4.12)$$

式中，θ_1，θ_2，θ_3 分别是球磨时间为 t，第 i 粒级内，三元混合矿中矿物 A、矿物 B 和矿物 C 的质量百分比；$m_i(t)$，$m_{Ai}(t)$，$m_{Bi}(t)$，$m_{Ci}(t)$，$m_{Di}(t)$ 分别为球磨时间为 t，第 i 粒级内人工（四元）混合矿、矿物 A、矿物 B、矿物 C 和矿物 D 的产率。

球磨人工（四元）混合矿体系，混合矿中石英、赤铁矿、菱铁矿和绿泥石的破碎速率函数 S_i 值由图 4.49 获得，由于该混合矿中的石英、赤铁矿、菱铁矿和绿泥石的累计破碎分布函数 B_{i1} 采用式（2.41）和表 4.8 中的破碎分布函数参数计算获取。球磨后混合矿产品的第 i 粒级中，将石英、赤铁矿、菱铁矿和绿泥石的产率分别代入式（2.3）模拟计算它们的粒级分布，最终，计算获得第 i 粒级中石英的 $m_{Ai}(t)$、赤铁矿的 $m_{Bi}(t)$、菱铁矿的 $m_{Ci}(t)$ 和绿泥石的 $m_{Di}(t)$，将结果带入式（4.12）中，即可以对人工（四元）混合矿的粒级分布进行模拟计算。图 4.51 给出了混合矿中单矿物及混合矿的粒度分布模拟计算结果和试验结果。

由图 4.51 可知，采用总体平衡磨矿动力学模型，模拟计算结果与球磨试验结果一致，最大误差不超过 2%。说明前述所获得的人工（四元）混合矿中各单矿物的破碎参数是正确的，可以认为该数学模型可以对单粒级-0.5 + 0.25 mm 人工（四元）混合矿的磨矿产品粒度分布进行理论分析计算。图 4.51（a）给出了球磨 2 min 时人工（四元）混合矿中单矿物石英、赤铁矿、菱铁矿和绿泥石在各粒级的累积分布产率。可以看出，石英在细粒级中的负累积产率最少，在-0.1，-0.074，-0.044 mm 中的累积产率分别仅为 5.63%，4.29%，2.58%；而石英、赤铁矿和绿泥石在-0.15，-0.25 mm 粒级中的累积产率相差不大，石英、赤铁矿和绿泥石在-0.25 mm 粒级中累积产率分别为 33.38%，31.58%，33.38%，在-0.15 mm 粒级中累积产率分别为 11.20%，14.71%，10.04%，但在-0.044，-0.074 mm 粒级混合矿中的累积产率从高到低依次为绿泥石、赤铁矿和石英；菱铁矿球磨后在各粒级产品中的负累积产率明显高于绿泥石、赤铁矿和石英，在-0.1，-0.074，-0.044 mm 粒级中的累积产率分别高达 19.4%、15.94%、10.98%，菱铁矿负累积产率明显高于其他矿物。由图 4.51（b）可知，随着磨矿时间的增加，各粒级混合矿的负累积产率增加，当磨矿时间为 0.5，1，2，3 min 时，-0.044 mm 粒级的混合矿累积产率分别为 1.58%，2.62%，4.8%，7.15%，-0.25 mm

粒级的混合矿累积产率分别为12.35%，20.07%，33.06%，43.67%。

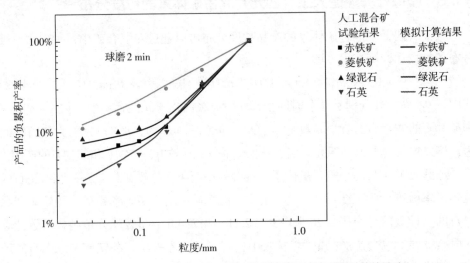

（a）球磨-0.5+0.25 mm人工混合矿中各单矿物试验结果与模拟计算结果对比

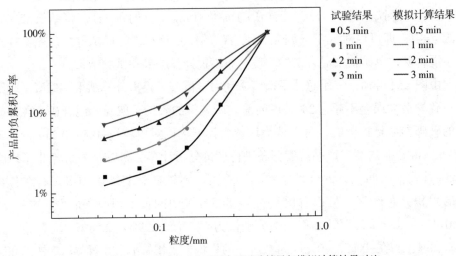

（b）球磨-0.5+0.25 mm人工混合矿试验结果与模拟计算结果对比

图4.51　球磨-0.5+0.25 mm人工混合矿试验结果与模拟计算结果对比

为更清楚球磨-0.5+0.25 mm人工（四元）混合矿体系过程中，矿物（石英、赤铁矿、菱铁矿和绿泥石）之间的相互作用影响，图4.52给出了该混合矿在球磨2 min时，各粒级中石英、赤铁矿、菱铁矿和绿泥石的产率分布柱状图。

如图4.52所示，球磨2 min后，原-0.5+0.25 mm粒级中石英、赤铁矿、菱铁矿和绿泥石的产率分别为66.62%，68.42%，52.03%，65.60%，四种矿物中菱铁矿在该粒级产率最低，赤铁矿含量最高；另外，在-0.25+0.15 mm粒级中石英、赤铁矿、菱铁矿和绿泥石的产率分别为23.34%，20.39%，17.90%，19.68%，球磨后进入到这一粒级中的石英产率相对较高，从其他粒级（−0.15 + 0.1，−0.1 + 0.074，−0.074 + 0.044，−0.044 mm）中的产品可以发现菱铁矿的产率较高，−0.044 mm粒级中石英、赤铁矿、菱铁矿和绿泥石的产率分别为2.58%，5.63%，10.98%，8.34%，可以发现，−0.044 mm粒级中的石英产率最低，这是因为石英的硬度相对较高，不容易被磨碎，在−0.044 mm粒级中产品较少，而菱铁矿的产率高达10.98%，−0.044 mm粒级中硬度较低的菱铁矿含量最高。球磨人工（四元）混合矿可以看出，菱铁矿的存在，使赤铁矿在粗粒级产品中含量明显增加，而−0.044 mm粒级中泥化的菱铁矿的产率也有所增加，导致产品的两级分化严重，中间粒级（−0.15 + 0.44 mm）的产品较少。

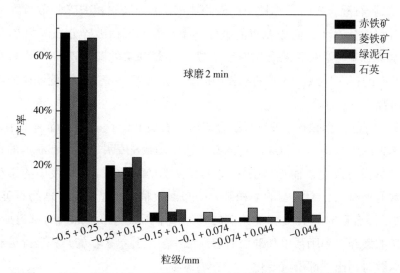

图4.52　在人工混合矿中，石英、赤铁矿、菱铁矿和绿泥石各粒级产率分布

4.5　本章小结

本章对单粒级−0.5 + 0.25 mm二元混合矿、三元混合矿磨矿和人工（四元）混合矿进行分批湿式球磨试验研究，分别获得了各种混合矿的磨矿破碎特性及破碎特征参数，采用总体平衡动力学模型对混合矿的磨矿产品进行模拟计算，得到了以下结论。

① 球磨不同体积比例的两相体系混合矿、三相体系混合矿及人工（四元）混合矿（四相体系），结果表明：所有混合矿磨矿行为都遵循一阶磨矿动力学模

型，通过获得混合矿中各单矿物磨矿特性参数，采用总体平衡动力学模型对混合矿的磨矿产品进行模拟计算，模拟计算结果与试验结果基本一致，最大误差不超过3%，说明获得的各单矿物磨矿特性参数是完全正确的。

② 球磨石英-绿泥石混合矿时，石英和绿泥石的破碎速率函数与体积含量呈线性关系，绿泥石的存在与否，对石英的累积破碎速率函数没有影响，而石英的存在，降低了绿泥石的累积破碎速率函数；球磨石英-菱铁矿混合矿时，菱铁矿的存在降低了石英的破碎速率函数，而菱铁矿的破碎速率函数不受石英存在影响，石英和菱铁矿的累积破碎分布函数没有变化；球磨石英-赤铁矿混合矿时，石英和赤铁矿的破碎速率函数变化不大，细粒级的石英累积破碎分布函数值逐渐增高，赤铁矿的累积破碎分布函数值B_{i1}随着它体积含量的增加而减小；球磨赤铁矿-绿泥石混合矿时，赤铁矿的破碎速率函数S_i和累积破碎分布函数B_{i1}与单独球磨时都保持不变，而绿泥石的破碎速率函数和累积破碎分布函数B_{i1}明显降低；球磨赤铁矿-菱铁矿混合矿时，赤铁矿和菱铁矿的破碎速率函数都没有变化；菱铁矿的存在导致赤铁矿的累积破碎分布函数略有增加，而菱铁矿的累积破碎分布函数不变。

③ 球磨石英-赤铁矿-绿泥石混合矿时，石英和赤铁矿的破碎速率函数S_i分别与其单独球磨时相等，而绿泥石的破碎速率函数S_i值明显减小；石英的累积破碎分布函数没有改变，而赤铁矿在-0.044，-0.074，-0.1 mm粒级中的累积破碎分布函数有所减低，绿泥石的累积破碎分布函数整体明显降低。球磨石英-赤铁矿-菱铁矿混合矿时，石英和菱铁矿的破碎速率函数与单独球磨时都有所增加，而赤铁矿的破碎速率函数单独球磨时有所减小，三种单矿物的累积破碎分布函数与单独球磨时相比，都没有变化。

④ 球磨人工（四元）混合矿时，与各单矿物单独球磨相比，石英的破碎速率函数S_i值增加，而赤铁矿和绿泥石的破碎速率函数S_i值都有所减小，但菱铁矿的破碎速率函数S_i值变化不大；石英的累积破碎分布函数不变，赤铁矿和绿泥石的累积破碎分布函数有所降低，而菱铁矿的累积破碎分布函数明显升高；模拟计算结果与试验结果都发现，赤铁矿在-0.25 + 0.15，-0.15 + 0.1 mm粒级产品中含量较高，菱铁矿在-0.044，-0.074 + 0.044，-0.1 + 0.074 mm粒级产品中的含量增加。

第5章　磨矿过程中主要矿物的相互作用机理

本章以东鞍山铁矿石中四种主要矿物（石英、赤铁矿、菱铁矿和绿泥石）的表面化学性质为基础，通过对主要矿物的Zeta电位测试，矿浆溶液中难免金属阳离子的溶液化学计算，以及磨矿过程中矿物之间的相互作用机理，采用经典的DLVO理论探明了在磨矿过程中微细粒菱铁矿和绿泥石分别与石英、赤铁矿之间的相互作用机理，揭示了混合矿在磨矿过程中单矿物破碎特性改变的本质及规律，以期为东鞍山矿石的磨矿特性提供理论依据。

5.1　溶液中难免金属离子对矿物表面电位的影响

在磨矿过程中，除了磨碎的矿物本身溶解一部分金属阳离子在矿浆中，磨矿用水中也含有一定量的金属阳离子，如Fe^{3+}，Ca^{2+}，Mg^{2+}，Al^{3+}等。这些金属阳离子可通过物理或化学作用吸附在矿物表面，从而改变矿物表面性质，进一步影响细粒级矿物在磨矿过程中的吸附状态。球磨铁矿石过程中，矿浆中不可避免的金属阳离子主要有Fe^{3+}和Ca^{2+}，本书主要对这两种阳离子的溶液进行化学分析，探讨这两种金属阳离子的赋存状态及对主要矿物在磨矿过程中相互作用机理，进而说明主要矿物在混合磨矿时，各矿物之间磨矿特性的相互影响机制。

5.1.1　溶液中难免金属离子的溶液化学计算

金属Ca^{2+}和Fe^{3+}在水溶液中主要以三种形式存在：① 以离子游离态存在；② 与矿物晶核发生键合或是生成氢氧化物沉淀而吸附在矿物表面；③ 通过与水的作用，发生电离、水解或生成沉淀。本书溶液中加入的金属离子采用$CaCl_2$和$FeCl_3$化学试剂配置，配置Ca^{2+}和Fe^{3+}溶液浓度都为$1 \times 10^{-3}\ mol \cdot L^{-1}$。表5.1给出了$Ca^{2+}$和$Fe^{3+}$金属离子在水溶液中的羟基络合物的稳定常数。

表5.1　金属离子羟基络合物的稳定常数（25 ℃）

金属离子	$\lg\beta_1$	$\lg\beta_2$	$\lg\beta_3$	pK_{sp}	pK_{s1}	pK_{s2}
Ca^{2+}	1.40	1.77	—	5.22	4.63	—
Fe^{3+}	11.81	22.30	32.05	38.80	27.23	16.74

　　根据表5.1中金属离子在水溶液中羟基络合物的稳定常数，绘制出水溶液中 Fe^{3+} 和 Ca^{2+} 离子水解组分的浓度对数图，分别如图5.1和图5.2所示。

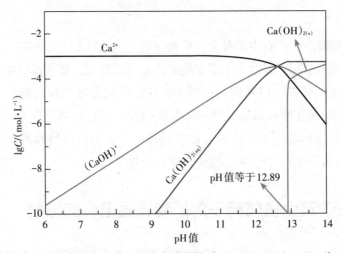

图5.1　钙离子水解组分的浓度对数图（$Ca^{2+} = 1 \times 10^{-3}$ mol·L^{-1}）

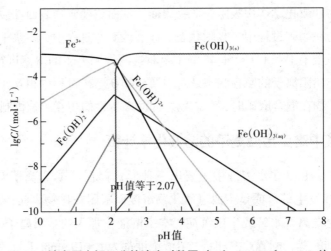

图5.2　铁离子水解组分的浓度对数图（$Fe^{3+} = 1 \times 10^{-3}$ mol·L^{-1}）

由图5.1可知，在水溶液中，钙离子随着pH值的升高，分别以离子态、羟基络合物和氢氧化合物的形式存在。对于Ca^{2+}，当pH值小于12.5时，主要以离子态形式存在于溶液中，即在中性或酸性溶液中，溶液中的钙主要以离子形式存在于水中，或少量出现羟基化合物，不会出现沉淀现象；当pH值大于12.5且小于12.89时，水中的钙离子迅速减少，主要以羟基络合物$(CaOH)^+$和水溶性的$Ca(OH)_{2\,(aq)}$的形式存在于水溶液中；当pH值大于12.89时，氢氧化物$[Ca(OH)_{2(s)}]$沉淀开始出现，羟基络合物$(CaOH)^+$和水溶性的$Ca(OH)_{2(aq)}$含量也随着pH值的增加迅速降低。

由图5.2可知，水溶液中$FeCl_3$浓度为$1 \times 10^{-3}\ mol \cdot L^{-1}$，当pH值等于2.07时，氢氧化物$[Fe(OH)_{3(s)}]$沉淀开始形成。当pH值大于2.07时，水中的铁离子浓度迅速降低，氢氧化物$[Fe(OH)_{3(s)}]$沉淀开始出现，羟基络合物$[Fe(OH)_2]^+$和$Fe(OH)^{2+}$含量也随着pH值的增加迅速降低。当pH值小于2.07时，主要以离子态(Fe^{3+})形式存在于溶液中，或少量出现羟基化合物$[Fe(OH)_2^+$和$Fe(OH)^{2+}]$，不会出现沉淀现象。

5.1.2　难免金属离子对矿物表面电位的影响

浓度为$1 \times 10^{-3}\ mol \cdot L^{-1}$ KCl的背景溶液中分别配置$1 \times 10^{-3}\ mol \cdot L^{-1}$ $CaCl_2$和$FeCl_3$溶液，并分别对石英、赤铁矿、菱铁矿和绿泥石的Zeta电位进行测试分析，图5.3至图5.6给出了不同pH值条件下，Ca^{2+}和Fe^{3+}对石英、赤铁矿、菱铁矿和绿泥石表面电性的影响结果。

由图5.3可知，当pH值小于2时，Ca^{2+}的存在对石英的动电位影响不大，在零电点附近或者小于零电点的pH值时，Ca^{2+}以游离态存在于溶液中，很难吸附在石英表面；当pH值大于3且小于11时，Ca^{2+}使石英的动电位的绝对值变小，并达到一稳定值，可证明在这个pH值区间，带正电的Ca^{2+}离子水化产物–羟基络合物吸附在石英颗粒表面。但Fe^{3+}的加入，明显改变了石英的表面动电位，使石英的表面动电位大幅度升高，石英的等电点明显正移，由图5.3给出的1×10^{-3} $mol \cdot L^{-1}$ Fe^{3+}在不同pH值条件下各组分的浓度对数图可知，$Fe(OH)_3$的浓度积很小（见表5.1中$K_{sp} = 1 \times 10^{-38.8}$），因此，$Fe^{3+}$在较低的pH值条件下（实验中pH值等于2.07）就会生成$Fe(OH)_3$沉淀；溶液在中性或碱性条件下，溶液中的Fe^{3+}会以大量的$Fe(OH)_3$形式存在，James等认为，金属氢氧化物表面沉淀是主要活性组分，$Fe(OH)_3$有很强的吸附活性，$Fe(OH)_3$沉淀很容易进入石英表面的双电层，吸附于石英矿物表面，导致石英的表面动电位正移，掩盖石英表面的活性点[151-154]。图5.3中，加入 Fe^{3+} 后，该实验石英的表面零电点PZC约为6.9，而 $Fe(OH)_3$ 的零电点的pH值等于6.7[155]。

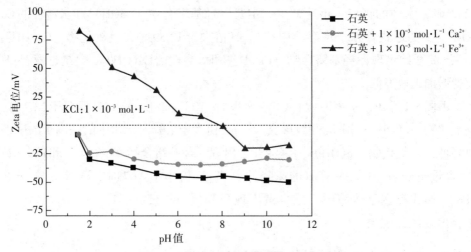

图5.3 Ca^{2+} 和 Fe^{3+} 对石英动电位的影响

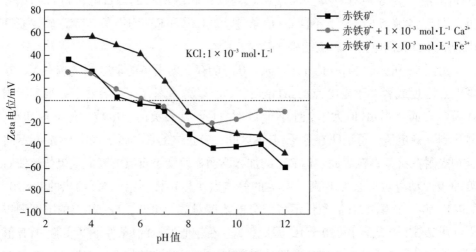

图5.4 Ca^{2+} 和 Fe^{3+} 对赤铁矿动电位的影响

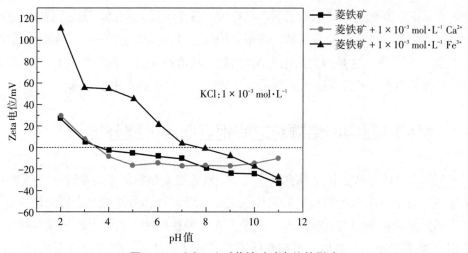

图 5.5 Ca²⁺和 Fe³⁺对菱铁矿动电位的影响

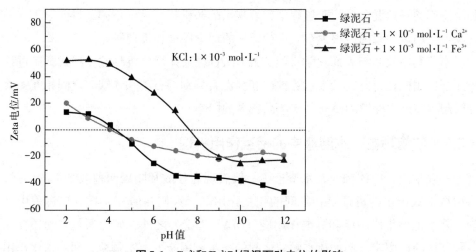

图 5.6 Ca²⁺和 Fe³⁺对绿泥石动电位的影响

从图 5.4、图 5.5 和图 5.6 中可以发现，分别加入 1×10^{-3} mol·L⁻¹ Ca²⁺ 和 Fe³⁺ 对赤铁矿、菱铁矿和绿泥石的表面电位的影响与对石英的表面电位的影响有一定的相似性。Ca²⁺ 的存在对赤铁矿、菱铁矿和绿泥石的零电点几乎没有影响，在零电点附近或者小于零电点的 pH 值时，赤铁矿、菱铁矿和绿泥石的表面动电位变化不明显，当 pH 值大于零电点的 pH 值时，Ca²⁺ 的存在使赤铁矿和绿泥石（见图 5.4 和图 5.6）动电位的绝对值变小，随着 pH 值的增加，赤铁矿、菱铁矿和绿泥石的表面动电位趋于一稳定值，当 pH 值小于 8 时，石英、赤铁矿、菱铁矿和绿泥石的表面动电位都有小幅上升趋势（见图 5.3 至图 5.6）。Fe³⁺ 的加入，明显改

131

变了赤铁矿、菱铁矿和绿泥石的表面动电位，使赤铁矿、菱铁矿和绿泥石的表面动电位大幅度升高，并使各矿物的等电点明显正移，赤铁矿、菱铁矿和绿泥石的零电点都在 7~8，这是因为溶液在所检测的 pH 值范围内，溶液中的 Fe^{3+} 会以大量的胶体 $Fe(OH)_3$ 形式沉淀在矿物表面，导致矿石的表面动电位正移。

5.2　磨矿过程中矿物颗粒之间相互作用机理分析

东鞍山含碳酸盐铁矿石具有成分复杂、铁矿物嵌布粒度不均等特点。在磨矿作业中，由于绿泥石和菱铁矿的机械强度小，绿泥石和菱铁矿都为易泥化矿物，产生的微细粒矿物容易互凝团聚、夹杂及在粗颗粒矿物上发生吸附罩盖等现象，特别是菱铁矿含量的增加，更加恶化了后续的选别环境，严重降低了精矿的品质，且微细粒的铁矿物不能有效回收。同时，在第 4 章中发现，分别加入绿泥石和菱铁矿的多种混合矿磨矿过程中，表现出的磨矿特性完全不同，目前对于这种现象产生的机理原因，很少有人进行详尽的理论探索和机理研究。

本节利用胶体与表面化学中经典的 DLVO 理论计算分析颗粒在湿式磨矿过程中相互作用机理，研究微细粒菱铁矿和绿泥石分别与石英和赤铁矿之间相互团聚和吸附罩盖产生的原因及对磨矿产品粒度的影响。

5.2.1　矿物颗粒在水溶液中的相互作用机理

一般来说，群体颗粒在水溶液中一般表现为分散和团聚两种最基本的形式，这两种形式产生的机理是颗粒间的相互作用能。人们在研究矿物分选过程中发现，除了范德华作用能和静电作用能（DLVO 理论）之外，矿物颗粒之间还存在各种其他的作用能，例如疏水颗粒之间的疏水作用能、亲水颗粒之间的水化作用排斥能及大分子化合物产生的空间稳定化作用能等，即扩展 DLVO 理论，扩展 DLVO 理论是在经典 DLVO 理论即范德华作用能和静电作用能的基础上，加上其他相互作用项，即粒子间的相互作用总能量[156-157]。DLVO 理论公式和扩展 DLVO 理论公式分别如下：

$$V_D = V_W + V_{EL} \tag{5.1}$$

$$V_{SD} = V_W + V_{EL} + V_{HR} + V_{HA} + V_{SR} + V_{MA} + \cdots \tag{5.2}$$

式中，V_D 为 DLVO 理论总作用能，V_{SD} 为扩展 DLVO 理论总作用能，V_W 为范德华作用能，V_{EL} 为静电作用能，V_{HR} 为水化相互作用排斥能，V_{HA} 为疏水相互作用吸引能，V_{SR} 为空间稳定化作用能，V_{MA} 为磁吸引能。

本节研究主要考虑磨矿工艺的矿浆中颗粒之间的相互作用，假设在水溶液环境中，不考虑溶液中有机大分子或其他外力作用（如磁力、重力、摩擦力和粘滞力等）等对微细颗粒相互之间影响的作用，因此可以用DLVO理论来进行分析探讨[158-160]。另外，微细粒矿物颗粒相互作用时，为方便计算，认为微细粒矿物近似球形。

5.2.1.1　范德华作用能

范德华作用能存在于所有的物质之间，是物质之间存在的一种最重要的作用能[160-161]。假定颗粒中的所用原子间的作用能具有可加性，那么就可以求出不同几何形状的颗粒间的范德华作用能。

① 一般认为半径分别为 R_1 和 R_2 的两个颗粒，颗粒间相互作用的范德华作用能为

$$V_W = -\frac{AR_1R_2}{6H(R_1 + R_2)} \tag{5.3}$$

当 $R_1 = R_2 = R$ 时，式（5.3）变为

$$V_W = -\frac{AR}{12H} \tag{5.4}$$

式中，V_W 为单位面积上范德华相互作用能，单位为 N/m^2；H 为两颗粒间的距离，单位为 m。

② 半径为 R 的球和无限厚的厚板，即假设 $R_1 = R$，$R_2 \to \infty$ 时，其范德华相互作用能的表达式（5.3）可近似写为

$$V_W = -\frac{AR}{6H} \tag{5.5}$$

式（5.3）至式（5.5）中的 A 为颗粒在真空中的 Hamaker 常数，单位为 J。颗粒 1 和颗粒 2 在介质 3 中相互作用 Hamaker 常数可以近似地表示为

$$A_{132} = \left(\sqrt{A_{11}} - \sqrt{A_{33}}\right)\left(\sqrt{A_{22}} - \sqrt{A_{33}}\right) \tag{5.6}$$

相同的颗粒 1 在介质 3 中相互作用的 Hamaker 常数可以近似地写为

$$A_{131} = \left(\sqrt{A_{11}} - \sqrt{A_{33}}\right)^2 \tag{5.7}$$

本章所涉及的主要矿物石英、赤铁矿、菱铁矿、绿泥石及介质水在真空中的 Hamaker 常数如表5.2所示[160-161]。其中绿泥石为层状硅酸盐类矿物，与滑石的晶体结构和化学组成相似，因此 Hamaker 常数也相近，本书中采用绿泥石的 Hamaker 常数近似等于滑石的 Hamaker 常数。

根据表5.2中列出的数据可以通过式（5.6）和式（5.7）计算得到石英、赤铁

矿、菱铁矿和绿泥石颗粒在介质水中相互作用的 Hamaker 常数，计算结果见表5.3。

表5.2 主要矿物在真空中的 Hamaker 常数　　　　　　　　　　　单位：J

矿物	石英(A_{11})	赤铁矿(A_{22})	菱铁矿(A_{33})	绿泥石(A_{44})	介质水(A_{55})
Hamaker 常数	5×10^{-20}	23.2×10^{-20}	6.5×10^{-20}	9.1×10^{-20}	3.7×10^{-20}

表5.3 相互作用的矿物在水中的 Hamaker 常数　　　　　　　　　单位：J

矿物	石英–菱铁矿(A_{153})	赤铁矿–菱铁矿(A_{253})	菱铁矿–菱铁矿(A_{353})
Hamaker 常数	0.2×10^{-20}	1.8×10^{-20}	0.4×10^{-20}
矿物	石英–绿泥石(A_{154})	赤铁矿–绿泥石(A_{254})	绿泥石–绿泥石(A_{454})
Hamaker 常数	0.3×10^{-20}	3.2×10^{-20}	1.2×10^{-20}

5.2.1.2 静电作用能

通常颗粒在分散的介质中相互靠近时，当双电层开始接触重叠时，颗粒之间开始发生静电作用，带相同电荷的颗粒会相互发生排斥作用，带异号电荷的颗粒会发生相互吸引作用[156, 159-160, 162]。

（1）相同物理化学性质颗粒之间的静电作用

由于颗粒表面带有相同性质的电荷，因此发生排斥作用，半径分别为 R_1、R_2 的球形颗粒静电排斥能可以表示为[158-159]

$$V_{EL} = \frac{128\pi nkT\gamma^2}{\kappa^2}\left(\frac{R_1 R_2}{R_1 + R_2}\right)e^{-\kappa H} \tag{5.8}$$

当 $R_1 = R_2 = R$ 时，式（5.8）可写成

$$V_{EL} = \frac{64\pi nRkT\gamma^2}{\kappa^2}e^{-\kappa H} \tag{5.9}$$

式（5.8）、式（5.9）中的 $\gamma = \dfrac{\exp\left(\dfrac{ze\varphi}{2kT}\right) - 1}{\exp\left(\dfrac{ze\varphi}{2kT}\right) + 1}$，对于低电位表面，$\varphi_0 < 25\,\mathrm{mV}$，且

$\kappa R_1 > 10$，$\kappa R_2 > 10$，则式（5.9）可简化成[156-157, 161]

$$V_{EL} = 2\pi\varepsilon_a R\varphi_0^2 \ln\left(1 + e^{-\kappa H}\right) \tag{5.10}$$

式（5.8）至式（5.10）中，κ 为 Debye 长度的倒数，单位为 m^{-1}；H 为颗粒间的距离，单位为 m；k 为 Boltsmann 常数，1.38×10^{-23} J/K；T 为绝对温度，单位为 K；n 为溶液中电解质的浓度，单位为 $\mathrm{mol \cdot m}^{-3}$；$\varepsilon_a$ 为分散介质的绝对电解质常数；φ_0 为

颗粒的表面电位，单位为 V。

（2）不同物理化学性质的颗粒间的静电作用

不同物理化学性质的颗粒之间的静电作用能计算相当复杂，由于颗粒的表面电位大小数值不同，而且所带的电荷有可能是同号也有可能是异号。当电位恒定，半径为 R_1 和 R_2 的不同颗粒间的作用能可表示为[156-158]

$$V_{EL} = \frac{\pi \varepsilon_a R_1 R_2}{R_1 + R_2} \left(\varphi_{01}^2 + \varphi_{02}^2 \right) \left(\frac{2\varphi_{01}\varphi_{02}}{\varphi_{01}^2 + \varphi_{02}^2} p + q \right) \tag{5.11}$$

当半径 $R_1 = R$ 时球形颗粒和 $R_2 \rightarrow \infty$ 的厚板颗粒之间的静电作用能由式（5.11）可表示为

$$V_{EL} = \pi \varepsilon_a R \left(\varphi_{01}^2 + \varphi_{02}^2 \right) \left(\frac{2\varphi_{01}\varphi_{02}}{\varphi_{01}^2 + \varphi_{02}^2} p + q \right) \tag{5.12}$$

式（5.11）、式（5.12）中，$p = \ln \frac{1 + e^{-\kappa H}}{1 - e^{-\kappa H}}$，$q = \ln \left(1 - e^{-\kappa H} \right)$，代入式（5.11）、式（5.12）中可分别变为式（5.13）、式（5.14），即

$$V_{EL} = \frac{\pi \varepsilon_a R_1 R_2}{R_1 + R_2} \left(\varphi_{01}^2 + \varphi_{02}^2 \right) \left[\frac{2\varphi_{01}\varphi_{02}}{\varphi_{01}^2 + \varphi_{02}^2} \times \ln \frac{1 + e^{-\kappa H}}{1 - e^{-\kappa H}} + \ln \left(1 - e^{-\kappa H} \right) \right] \tag{5.13}$$

$$V_{EL} = \pi \varepsilon_a R \left(\varphi_{01}^2 + \varphi_{02}^2 \right) \left[\frac{2\varphi_{01}\varphi_{02}}{\varphi_{01}^2 + \varphi_{02}^2} \times \ln \frac{1 + e^{-\kappa H}}{1 - e^{-\kappa H}} + \ln \left(1 - e^{-\kappa H} \right) \right] \tag{5.14}$$

本书中颗粒的分散介质为水，且水溶液为中性（pH = 7），查资料可得[160-163]：$\varepsilon_a = 6.95 \times 10^{-10}$，假设 $T = 298$ K，溶液是 1∶1 型电解质溶液，溶液中离子的体积摩尔浓度为 1×10^{-3} mol·L^{-1}，则 $\kappa = 0.104$ nm^{-1}；φ_{01} 和 φ_{02} 分别为两种矿物的表面电位，单位是 V；一般计算主要矿物颗粒的表面电位 φ_0 可用水溶液中矿物的表面动电位（即 Zeta 电位）来代替，由于 Fe^{3+} 在中性水溶液中生成 $Fe(OH)_3$ 沉淀，Fe^{3+} 含量很少，在计算颗粒相互作用时，无金属阳离子和存在 Fe^{3+} 都可以认为溶液是 1∶1 型电解质溶液，溶液中离子的体积摩尔浓度为 1×10^{-3} mol·L^{-1}，则 $\kappa = 0.104$ nm^{-1}，存在 Ca^{2+} 时，溶液可以近似采用 2∶2 型电解质溶液，溶液中离子的体积摩尔浓度为 1×10^{-3} mol·L^{-1}，则 $\kappa = 0.208$ nm^{-1}。

5.2.2　菱铁矿与石英在水溶液中相互作用能计算

5.2.2.1　微细粒菱铁矿与粗粒石英在水溶液中相互作用行为

石英是硬度较高的矿物，在磨矿过程中不易被磨细，而菱铁矿硬度较低，很容易被磨细，因此这里只考虑粗颗粒石英和微细粒菱铁矿之间的作用关系，当粗

粒石英的尺寸远远大于微细粒菱铁矿的尺寸时，相互作用能的计算可以应用半径为 R 的菱铁矿颗粒球和无限大的石英厚板作用关系，颗粒之间的作用能可由式（5.5）和式（5.14）代入式（5.1）得

$$V_{\mathrm{D}} = -\frac{AR}{6H} + \pi \varepsilon_a R \left(\varphi_{01}^{\ 2} + \varphi_{02}^{\ 2} \right) \times \left[\frac{2\varphi_{01}\varphi_{02}}{\varphi_{01}^{\ 2} + \varphi_{02}^{\ 2}} \times \ln \frac{1 + \mathrm{e}^{-\kappa H}}{1 - \mathrm{e}^{-\kappa H}} + \ln\left(1 - \mathrm{e}^{-\kappa H}\right) \right] \quad (5.15)$$

式中，Hamaker 常数 A 可取表 5.3 中的 $A_{153} = 0.2 \times 10^{-20}$ J，颗粒的表面电位 φ_0 可用矿物的 Zeta 电位代替，根据 5.1 节中图 5.3 和图 5.5 可以获得石英和菱铁矿的 Zeta 电位，取石英 $\varphi_{01} \approx -43$ mV，菱铁矿 $\varphi_{02} \approx -10$ mV，$\varepsilon_a = 6.95 \times 10^{-10}$，$\kappa = 0.104$ nm^{-1}，微细粒菱铁矿取直径为 10 μm，对不同粒级的微细粒菱铁矿与粗颗粒石英的作用势能可用公式（5.15）计算，代入数据可得到粗颗粒石英与微细粒菱铁矿颗粒之间的作用能关系，其计算结果见图 5.7 和图 5.8。

由图 5.7 可知，在中性水溶液中，10 μm 的菱铁矿颗粒与粗颗粒石英之间相互作用的范德华作用能 V_{W} 和静电势 V_{EL} 能均小于零，都表现为吸引力；随着颗粒间距 H 的增加，范德华作用能 V_{W} 和静电势 V_{EL} 的绝对值逐渐减小，其中范德华作用能 V_{W}（数量级为 10^{-18}）绝对值小于静电作用能 V_{EL}（数量级为 10^{-17}）的绝对值，因此静电作用能 V_{EL} 在颗粒之间的相互吸附过程中起主要作用，约等于总作用能 V_{D}，总

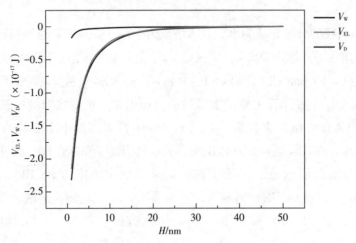

图 5.7　10 μm 菱铁矿与粗颗粒石英相互作用能与距离 H 的关系

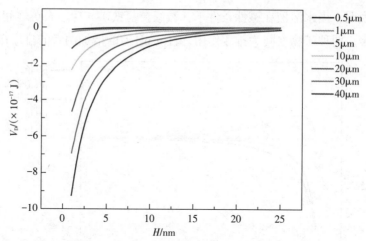

图 5.8　不同粒组的微细粒菱铁矿与粗颗粒石英颗粒相互作用能与距离 *H* 的关系

作用能 $V_D \approx V_{EL} < 0$，粗粒石英颗粒和 10 μm 微粒菱铁矿相互作用后，总能量降低，表现为吸引力，因此 10 μm 微粒菱铁矿颗粒容易吸附在粗颗粒石英上。图 5.8 表明，不同粒级的菱铁矿与粗颗粒石英的作用能 V_D 都小于零，都表现为吸引力。不同粒级的颗粒间距 *H* 相等时，颗粒越大，颗粒间的作用能绝对值 V_D 越大，即所受的吸引力也就越大；相同粒级微细粒菱铁矿，随着颗粒间距 *H* 逐渐增大，总作用能绝对值 V_D 减小，表现为微细粒级的菱铁矿颗粒和粗颗粒石英吸附的作用力随之减小。

　　总之，微细粒菱铁矿与粗颗粒石英在矿浆溶液中相互作用时，会出现微细粒菱铁矿吸附罩盖在粗颗粒石英表面的现象，这与文献所报道的结果吻合[8]。

5.2.2.2　pH值对微细粒菱铁矿与粗粒石英相互作用的影响

　　由 5.1 节可知，溶液中 pH 值的变化对矿物表面的动电位影响较大，进而影响颗粒间相互作用时的静电作用能，微细粒菱铁矿的直径仍取 10 μm。石英和菱铁矿在水溶液中的动电位（无金属 Ca^{2+} 和 Fe^{3+} 离子的影响）分别由本章 5.1.2 节中图 5.3 和图 5.5 给出。10 μm 的微细粒菱铁矿与粗颗粒石英的作用势能可用式 (5.15) 计算，计算结果见图 5.9。

　　由图 5.9 可知，水溶液在 pH 值为中性或酸性条件下，微细粒菱铁矿与粗粒石英之间的总相互作用能恒为负值，说明两种矿物之间相互吸附，表现为引力。同时随着 pH 值的降低，它们之间的吸引作用随之增强，然而，当 pH 值进一步低至 3，在较近距离（小于 5 nm）时，两者之间的相互吸引作用力又开始减弱，可以推断，水溶液的 pH 值在弱酸条件下，微细粒菱铁矿与石英的相互作用最强。当 pH 值大于 9 时，10 μm 的微细粒菱铁矿与粗粒石英之间的总相互作用能恒为正值，表现为斥力。这说明，当水溶液在碱性条件下，微细粒菱铁矿与粗粒石英之间在水溶液中不易团聚，两种矿物之间为排斥作用，且随pH值的增加两者的排斥作用增强。

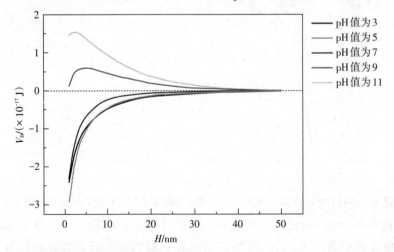

图5.9 不同pH值10 μm菱铁矿与粗颗粒石英在水溶液中的总相互作用能

5.2.2.3 金属阳离子对微细粒菱铁矿与粗粒石英相互作用的影响

金属离子可通过物理、化学作用吸附于矿物表面，改变矿物表面的活性。另外，溶液中的游离金属离子组分还可压缩矿物表面双电层厚度，降低矿物表面动电位，改变矿物表面电性，从而影响矿物的分散凝聚，石英和菱铁矿在不同金属离子溶液中的动电位也分别由5.1.2节中图5.3和图5.5给出。溶液在中性条件下（pH值等于7），分别考察溶液中浓度为1×10^{-3} mol·L^{-1}的Fe^{3+}和Ca^{2+}分别对10 μm的微细粒菱铁矿与粗粒石英之间的相互作用能影响。计算结果见图5.10。

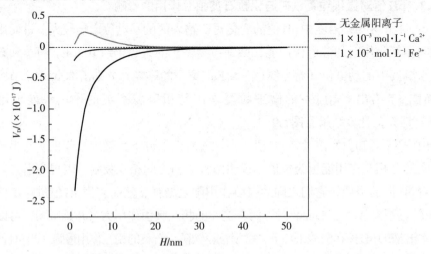

图5.10 金属阳离子对10 μm菱铁矿与粗颗粒石英在水溶液中总相互作用能的影响

由图 5.10 可知，在 pH 值等于 7 中，与水溶液中没有金属阳离子存在时相比，加入 1×10^{-3} mol·L^{-1} Ca^{2+} 和 1×10^{-3} mol·L^{-1} Fe^{3+}，微细粒菱铁矿与石英的相互作用能向正方向偏移，即相互作用引力减小。Ca^{2+} 存在时，当距离小于 23 nm 时，微细粒菱铁矿与石英的相互作用大于零，表现为斥力。随着颗粒间距离的逐渐减小，相互作用斥力逐渐增大，当颗粒间距离为 3 nm 左右时，计算获得斥力得到最大值 0.25×10^{-17} J。当距离小于 3 nm 时，颗粒间的斥力迅速降低，距离较小时，范德华引力起主导作用。Fe^{3+} 存在时，微细粒菱铁矿与石英的相互作用能仍为负值，微细粒菱铁矿与石英的相互作用小于零，表现为引力作用。综上所述，金属阳离子 Ca^{2+} 和 Fe^{3+} 的存在都降低了微细粒菱铁矿与石英的相互作用引力，其中 Ca^{2+} 能明显使微细粒菱铁矿与石英颗粒间产生斥力，导致磨矿过程的矿浆中，微细粒菱铁矿不容易吸附罩盖在粗粒石英表面。

5.2.3　菱铁矿与赤铁矿在水溶液中相互作用能计算

赤铁矿是中等硬度的矿物，因此在磨矿过程中既有大颗粒赤铁矿也有微细颗粒赤铁矿产物生成，而菱铁矿很容易被磨细，因此本节不仅考虑粗粒赤铁矿和微细粒菱铁矿颗粒之间而且也考虑微细粒赤铁矿和微细粒菱铁矿颗粒之间的相互作用关系。微细粒赤铁矿和微细粒菱铁矿颗粒之间相互作用时，为方便计算，取赤铁矿颗粒和菱铁矿颗粒相当，即颗粒半径 $R_1 = R_2 = R$。

5.2.3.1　微细粒菱铁矿与赤铁矿在水溶液中相互作用行为

直径为 10 μm 的微细粒菱铁矿与粗粒赤铁矿的作用势能可用公式（5.15）计算。在磨矿过程中也有一部分微细粒赤铁矿产生，与菱铁矿微细粒产生相互影响，因此有必要对其进行研究探讨，为了便于计算，假设微细粒赤铁矿的颗粒半径与微细粒菱铁矿的颗粒半径相等，即 $R_1 = R_2 = R$，微细粒赤铁矿和微细粒菱铁矿之间相互作用能关系可由式（5.4）和式（5.13）代入式（5.1）得

$$V_D = -\frac{AR}{12H} + \frac{\pi \varepsilon_a R}{2}\left(\varphi_{01}^{\ 2} + \varphi_{02}^{\ 2}\right) \times \left[\frac{2\varphi_{01}\varphi_{02}}{\varphi_{01}^{\ 2} + \varphi_{02}^{\ 2}} \times \ln\frac{1 + e^{-\kappa H}}{1 - e^{-\kappa H}} + \ln\left(1 - e^{-\kappa H}\right)\right] \quad (5.16)$$

赤铁矿和菱铁矿在水溶液中的动电位分别由本章 5.1.2 节中图 5.4 和图 5.5 给出。其中微细颗粒直径取 10 μm，取 $R = 5$ μm，$A = A_{253} = 1.8 \times 10^{-20}$，赤铁矿 $\varphi_{01} \approx -9.7$ mV，菱铁矿 $\varphi_{02} \approx -10$ mV，$\varepsilon_a = 6.95 \times 10^{-10}$，$\kappa = 0.104$ nm^{-1}，在 pH 值等于 7 的水溶液中，10 μm 的菱铁矿颗粒与粗颗粒赤铁矿和 10 μm 的赤铁矿的相互作用能计算结果分别见图 5.11 和图 5.12。

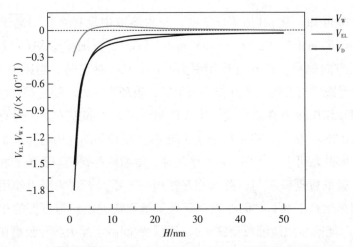

图 5.11　10 μm 的菱铁矿颗粒与粗粒赤铁矿相互作用势能与距离 H 的关系

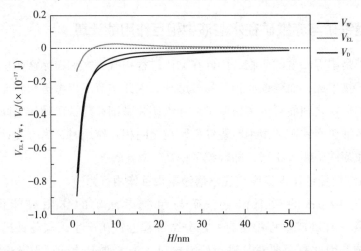

图 5.12　10 μm 的菱铁矿与 10 μm 的赤铁矿的相互作用能与距离 H 的关系

　　由图 5.11 和图 5.12 可知，微细粒菱铁矿无论与粗粒赤铁矿还是与微细粒赤铁矿，所获得的作用能变化趋势一致，范德华能 V_W 和总作用能 V_D 都小于零。10 μm 的菱铁矿颗粒与赤铁矿之间相互作用后，总作用能降低，表现为吸引力。随着颗粒间距 H 的增加，范德华能 V_W 和总作用能 V_D 逐渐增加而趋于零；而静电作用能 V_{EL} 在较近的距离（小于 4 nm）时，为负值，微细粒菱铁矿颗粒与粗颗粒赤铁矿相互作用为静电吸引力，随着距离的增加，当达到 5 nm 时，$V_{EL} > 0$，相互作用为静电斥力，当距离增加到 8~10 nm 时，相互静电作用能最大，说明在这个距离时，微细粒菱铁矿颗粒与粗颗粒赤铁矿作用存在一个静电斥力能垒，当距离进一步增大时，V_{EL} 又开始降低，逐渐接近于零，但 V_{EL} 仍大于零，相互作用表现为斥力。通过对不同物理化学性质的物质相互作用的静电能分析可知，即使带相同电荷，当作用距离 H 适当时，静电作用能也有可能小于零，表现为吸引力；10 μm 菱铁矿颗粒与粗颗粒赤铁矿相互作用时，范德华作用能 V_W 绝对值远远大于静电能 V_{EL} 的绝对值，范德华作用能 V_W 是总作用能 V_D 的贡献者，整体来看，在中性的水溶液中，10 μm 的菱铁矿颗粒与粗颗粒赤铁矿相互作用能仍为负值（$V_D <$ 0），表现为吸引力。

粗粒赤铁矿和微细粒赤铁矿与微细粒菱铁矿相互作用变化趋势相同，因此，这里通过考虑对不同粒级的微细粒菱铁矿与微细粒赤铁矿的作用势能计算，来探讨菱铁矿和赤铁矿在水溶液中的相互作用关系。计算结果如图 5.13 所示。

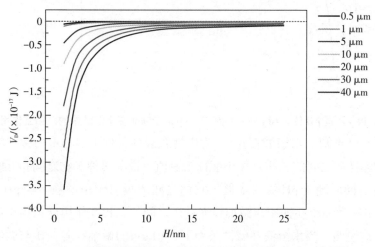

图 5.13　不同粒级的菱铁矿和赤铁矿的相互作用与距离 H 的关系

图 5.13 表明，不同细粒级的菱铁矿与赤铁矿的作用能 V_D 都小于零，仍表现为吸引力。随着相互作用距离 H 的增加，总作用能 V_D 绝对值随之减小，并逐渐趋于零，菱铁矿颗粒越大，距离 H 较近时变化趋势越明显。在颗粒作用距离 H 相等时，菱铁矿和赤铁矿的颗粒越大，总的作用能 V_D 绝对值越大，微细粒菱铁矿和赤铁矿作用引力也随着加大。因此，微细粒级的菱铁矿和赤铁矿在中性矿浆中很容易发生团聚吸附现象，或者微细粒菱铁矿也容易吸附罩盖在粗颗粒的赤铁矿表面上，这也证明了在许多选矿作业流程中，很容易发现微细粒菱铁矿颗粒吸附罩盖在粗颗粒的赤铁矿表面[160, 164-165]。但由于颗粒增大到一定程度时（大于 40 μm），质量力占主导时，在流动的液体中，颗粒之间的吸附现象会大大减弱[158]，赤铁矿和菱铁矿颗粒间的作用力不仅与两个颗粒间的距离有关，而且与颗粒的大小也有关系。

5.2.3.2 pH值对微细粒菱铁矿与细粒赤铁矿相互作用的影响

不同pH值条件下，菱铁矿和赤铁矿在水溶液中的动电位分别由本章5.1.2节中图5.5和图5.4给出。直径10 μm的微细粒菱铁矿与直径10 μm的微细粒赤铁矿的作用势能可用公式（5.16）计算，计算结果如图5.14所示。

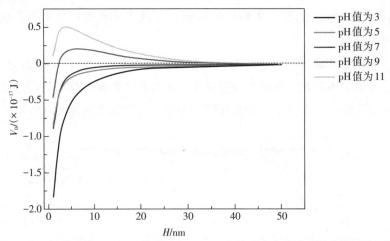

图5.14 不同pH值，10 μm菱铁矿与10 μm赤铁矿在水溶液中的总相互作用能

由图5.14可知，水溶液在pH值为中性或酸性条件下10 μm的微细粒菱铁矿与微细粒赤铁矿之间的总相互作用能恒为负值，说明两种矿物之间相互吸附，表现为引力，同时随着pH值的降低，它们之间的吸引作用增强。当pH值大于9时，10 μm的微细粒菱铁矿与微细粒赤铁矿之间的总相互作用能恒为正值，表现为斥力。这说明，当水溶液在碱性条件下，10 μm的微细粒菱铁矿与微细粒赤铁矿之间在水溶液中不易团聚，两种矿物颗粒之间为排斥作用，且随pH值的增加，两者的排斥作用随之增强。

5.2.3.3 金属阳离子对微细粒菱铁矿与细粒赤铁矿相互作用的影响

不同金属阳离子（Fe^{3+}和Ca^{2+}）条件下，菱铁矿和赤铁矿在水溶液中的动电位分别由5.1.2节中图5.5和图5.4给出，水溶液为中性条件下（pH值等于7），分别考察溶液中浓度为1×10^{-3} mol·L^{-1}的Fe^{3+}和Ca^{2+}分别对10 μm的微细粒菱铁矿与10 μm微细粒赤铁矿之间的相互作用能影响。计算结果见图5.15。

由图5.15可知，在pH值等于7的水溶液中，与无金属阳离子存在时相比，加入1×10^{-3} mol·L^{-1} Ca^{2+}和1×10^{-3} mol·L^{-1} Fe^{3+}，微细粒菱铁矿与微细粒赤铁矿的相互作用能绝对值（负值）增加，即相互作用引力增大，随着颗粒间距离的逐渐减小，相互作用能的绝对值逐渐增大。当距离小于10 nm时，颗粒间的作用引力迅速增加（作用能的绝对值迅速增大），距离较小时，主要是由范德华引力增加较快引起的。Ca^{2+}存在时相互引力小于Fe^{3+}存在时的引力作用，金属阳离子Ca^{2+}和Fe^{3+}的存在都增加了微细粒菱铁矿与微细粒赤铁矿的相互作用引力，其中Fe^{3+}更明显使微细粒菱铁矿与微细粒赤铁矿颗粒间的引进增加。综上所述，磨矿过程的矿浆中金属阳离子的存在，导致微细粒菱铁矿与微细粒赤铁矿颗粒更容易团聚在一起，或者微细粒菱铁矿更容易吸附罩盖在粗粒赤铁矿表面。

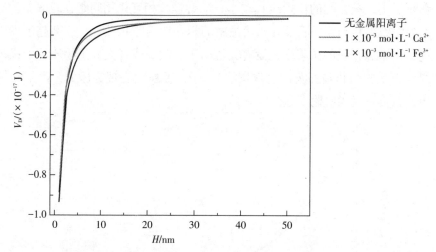

图 5.15　金属阳离子对 10 μm 菱铁矿与 10 μm 赤铁矿在水溶液中总相互作用能的影响

5.2.4　绿泥石与石英在水溶液中相互作用能计算

5.2.4.1　微细粒绿泥石与粗粒石英在水溶液中相互作用行为

在磨矿过程中，绿泥石硬度较低，易泥化，因此这里只考虑粗颗粒石英和微细粒菱铁矿之间的作用关系，当粗粒石英的尺寸远远大于微细粒绿泥石的尺寸时，相互作用能的计算仍可以应用半径为R的绿泥石颗粒球和无限大的石英厚板作用关系，颗粒之间的作用能可用式（5.15）计算，绿泥石与石英相互作用的Hamaker 常数 A 可取表 5.3 中的 $A_{154} = 0.3 \times 10^{-20}$，颗粒的表面电位 φ_0 可用矿物的Zeta 电位代替，可以根据 5.1 节获得石英和绿泥石的 Zeta 电位，在中性水溶液（pH 值等于 7）中取石英 $\varphi_{01} \approx -43$ mV，绿泥石 $\varphi_{02} \approx -35$ mV，$\varepsilon_a = 6.95 \times 10^{-10}$，$\kappa = 0.104$ nm^{-1}，微细粒绿泥石取直径为 10 μm，计算结果见图 5.16 和图 5.17。

由图 5.16 可知，在中性水溶液中，10 μm 的绿泥石颗粒与粗颗粒石英之间相互作用的静电能 V_{EL} 曲线与 DLVO 总作用能 V_D 几乎重合，都大于零，而范德华能 $V_W < 0$，由于 V_{EL} 能值（数量级为 10^{-17}）远远大于 V_W（数量级仅为 10^{-19}），静电作用能在颗粒间的作用力占主导，约等于总作用能 V_D，静电能 V_{EL} 及总作用能 V_D 随着

颗粒的间距增加，迅速降低，而范德华作用能 V_W（<0）随着颗粒间距 H 增加，V_W 值逐渐趋于零。总体来看，总作用能 $V_D > 0$，表现为斥力，这也说明 10 μm 的微细粒绿泥石不会吸附罩盖在粗粒石英表面。

由图 5.17 可知，不同粒级的绿泥石与粗颗粒石英的作用能 V_D 在中性水溶液中相互作用能 V_D 都大于零，颗粒相互作用后能量升高，表现为斥力；相同间距 H 时，颗粒越小，颗粒间的作用能 V_D 越小；随着颗粒相互作用间距 H 的增加，不同粒级的绿泥石颗粒与粗粒石英在水溶液中的相互作用能 V_D 减低，逐渐趋于零。综上所述，在水为介质的矿浆中，没有其他离子、酸碱或者大分子物质的干扰，微细粒绿泥石颗粒与粗粒石英的总作用能 $V_D > 0$，颗粒间表现为斥力，微细粒绿泥石与粗粒石英不发生吸附罩盖现象。

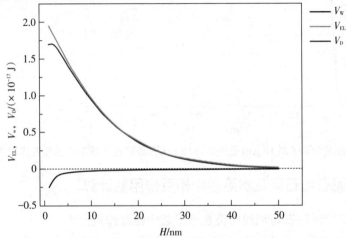

图 5.16　10 μm 绿泥石与粗颗粒石英相互作用能与距离 H 的关系

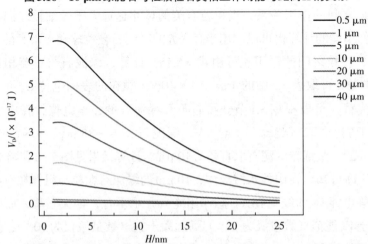

图 5.17　不同粒级的微细粒绿泥石与粗颗粒石英颗粒相互作用能与距离 H 的关系

5.2.4.2　pH值对微细粒绿泥石与粗粒石英相互作用的影响

微细粒绿泥石的直径仍取 $10~\mu m$，石英和绿泥石在水溶液中的动电位分别由 5.1.2 节中图 5.3 和图 5.6 给出。对 $10~\mu m$ 的微细粒绿泥石与粗颗粒石英的作用势能可用公式（5.15）计算，计算结果如图 5.18 所示。

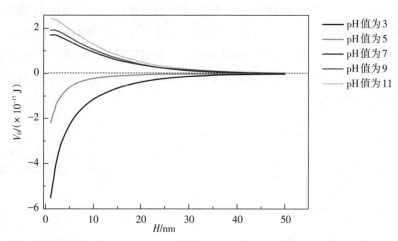

图 5.18　不同 pH 值 $10~\mu m$ 绿泥石与粗颗粒石英在水溶液中的总相互作用能

由图 5.18 可知，水溶液在酸性条件下（pH值不大于5），微细粒绿泥石与粗粒石英之间的总相互作用能 V_{D} 恒为负，说明两种矿物之间相互吸附，表现为引力。同时随着 pH 值的降低，它们之间的总相互作用能 V_{D} 负值增加，即吸引作用增强。当矿浆溶液在中性和碱性条件下，$10~\mu m$ 的微细粒绿泥石与粗粒石英之间的总相互作用能恒为正值，表现为斥力。这说明，当水溶液在碱性条件下，微细粒绿泥石与粗粒石英之间在水溶液中不易团聚，两种矿物之间为排斥作用，且随 pH 值的增加，两者的排斥作用增强。

5.2.4.3　金属阳离子对微细粒绿泥石与粗粒石英相互作用的影响

水溶液为中性条件下（pH值等于7），石英和绿泥石矿在不同金属离子溶液中的动电位分别仍由本章 5.1.2 节中图 5.3 和图 5.6 给出，分别考察溶液中浓度为 $1\times10^{-3}~\mathrm{mol\cdot L^{-1}}$ 的 Fe^{3+} 和 Ca^{2+} 对 $10~\mu m$ 的微细粒绿泥石与粗粒石英之间的相互作用能影响。计算结果如图 5.19 所示。

由图 5.19 可知，在 pH 值等于 7 中，与水溶液中没有金属阳离子存在时相比，加入 $1\times10^{-3}~\mathrm{mol\cdot L^{-1}}~Ca^{2+}$ 和 $1\times10^{-3}~\mathrm{mol\cdot L^{-1}}~Fe^{3+}$，微细粒绿泥石与石英的相互作用能向负方向偏移，即相互作用斥力减小。Ca^{2+} 存在时，当距离小于 $3~nm$ 时，微细粒绿泥石与石英的相互作用能小于零，范德华引力起主导作用，开始表现为引力。距离大于 3 nm 时，颗粒间的相互作用能增加，静电作用力开始起主导作用，表现为斥力，并随着距离的增加，斥力也增大。当距离增加到 8 ~ 10 nm 时，相互作用能 V_D 获得最大值 0.17×10^{-17} J，说明在这个距离时，微细粒绿泥石与粗粒石英作用存在一个静电斥力能垒。当距离进一步增大时，V_D 又开始降低，逐渐接近于零。Fe^{3+} 存在时，当颗粒间的距离 $H = 4 \sim 30$ nm 时微细粒绿泥石与石英的相互作用能为正值，这时，微细粒绿泥石与石英的相互作用大于零，表现为斥力作用。综上所述，在中性的溶液中，金属阳离子 Ca^{2+} 和 Fe^{3+} 的存在都降低了微细粒绿泥石与石英的相互作用斥力，但仍不能有效地使微细粒绿泥石吸附罩盖在粗粒石英表面。

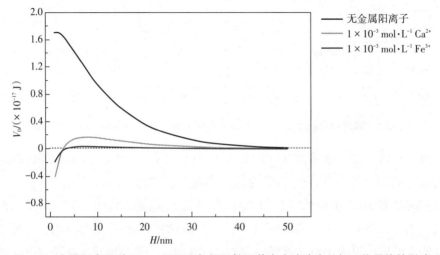

图 5.19　金属阳离子对 10 μm 绿泥石与粗颗粒石英在水溶液中总相互作用能的影响

5.2.5　绿泥石与赤铁矿在水溶液中相互作用能计算

5.2.5.1　微细粒绿泥石与赤铁矿在水溶液中相互作用行为

本节不仅考虑微细粒绿泥石和粗粒赤铁矿之间的相互作用关系，也考虑微细粒绿泥石和细粒赤铁矿颗粒之间的相互作用关系。微细粒绿泥石和细粒赤铁矿颗粒之间相互作用时，为方便计算，取绿泥石颗粒和赤铁矿颗粒相当，即颗粒半径 $R_1 = R_2 = R$。赤铁矿和绿泥石在水溶液中的动电位分别由本章 5.1.2 节中图 5.4 和图 5.6 给出。其中颗粒直径为 10 μm，取 $R = 5$ μm，$A = A_{254} = 3.2 \times 10^{-20}$，赤铁矿 $\varphi_{01} \approx -9.7$ mV，绿泥石 $\varphi_{02} \approx -34.4$ mV，$\varepsilon_a = 6.95 \times 10^{-10}$，$\kappa = 0.104$ nm^{-1}，在 pH 值等于 7 的水溶液中，10 μm 的绿泥石颗粒与粗颗粒赤铁矿和 10 μm 的赤铁矿的相互作用能计算结果分别见图 5.20 和图 5.21。

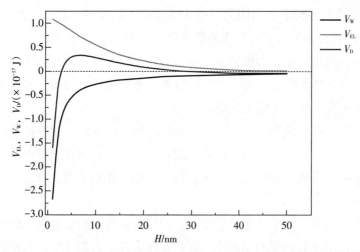

图5.20　**10 μm**的绿泥石颗粒与粗粒赤铁矿相互作用势能与距离*H*的关系

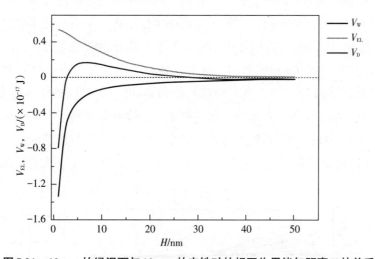

图5.21　**10 μm**的绿泥石与**10 μm**的赤铁矿的相互作用能与距离*H*的关系

　　由图5.20和图5.21可知，微细粒绿泥石无论与粗粒赤铁矿还是与微细粒赤铁矿相互作用，计算获得的作用能变化趋势一致。在整个计算范围内，范德华作用能 V_W 为负值，静电作用能为正值，而总作用能 V_D 是范德华作用能和静电作用能的共同结果。当距离小于 3 nm 时，微细粒绿泥石与赤铁矿的总作用能 V_D 小于零，范德华引力起主导作用，开始表现为引力。距离 $H \geqslant 3$ nm 时，静电作用力开始起主导作用，表现为斥力，并随着距离的增加，斥力也增大，当距离增加到 7 nm 时，相互作用能 V_D 都获得最大值，说明在这个距离时，微细粒绿泥石与粗粒赤铁矿作用存在一个静电斥力能垒，如果细粒绿泥石与赤铁矿表现为引力时必须克服一个静电斥力能垒。当距离进一步增大时，V_D又开始降低，距离增加到29 nm时，V_D又变为小于零，并随着距离的进一步加大，逐渐又接近于零。整体来看，在中性的水溶液中，微细粒绿泥石与赤铁矿相互作用时，由于存在一个静电斥力能垒，因此微细粒绿泥石不易吸附罩盖在粗粒赤铁矿表面，或者细粒级绿泥石和赤铁矿不易发生絮凝团聚现象。

微细粒绿泥石无论与粗粒赤铁矿还是与微细粒级赤铁矿相互作用趋势完全相同，因此，这里可通过考虑对不同粒级的微细粒绿泥石与微细粒赤铁矿的作用势能计算，来探讨绿泥石和赤铁矿在水溶液中的相互作用关系。计算结果如图5.22所示。

由图5.22可知，在中性水溶液中，相同间距H时，颗粒越小，绿泥石与赤铁矿颗粒间的作用能V_D的绝对值越小，即相互斥力和引力都变小；绿泥石与赤铁矿的作用能V_D在距离$H = 5$ nm获得最大正值，此时两颗粒之间的排斥力最大，当颗粒间的距离H进一步减小时，颗粒间的范德华作用能（引力）迅速增加，斥力迅速减小，距离$H \leqslant 2$ nm颗粒相互作用能小于零，又开始表现为引力；随着颗粒相互作用间距H（$H \geqslant 7$ nm）的增加，绿泥石颗粒与粗粒石英在水溶液中的相互作用能V_D减低，逐渐趋于零，当距离H大于36 nm时，颗粒间的作用能变为负值，又变为引力。综上所述，在水为介质的矿浆中，没有其他离子、酸碱或者大分子物质的干扰，微细粒绿泥石颗粒与赤铁矿相互作用时，当距离较近时（7 nm$\leqslant H \leqslant$ 36 nm）颗粒间表现为斥力，微细粒绿泥石与赤铁矿不易发生吸附罩盖或絮凝团聚现象。

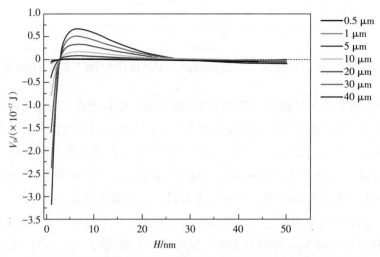

图5.22 不同粒级的绿泥石和赤铁矿的相互作用能与距离H的关系

5.2.5.2　pH值对微细粒绿泥石与细粒赤铁矿相互作用的影响

不同pH值条件下，赤铁矿和绿泥石在水溶液中的动电位分别由5.1.2节中图5.4和图5.6给出。直径10 μm的微细粒绿泥石与直径10 μm的微细粒赤铁矿的作用势能可用公式（5.16）计算，计算结果如图5.23所示。

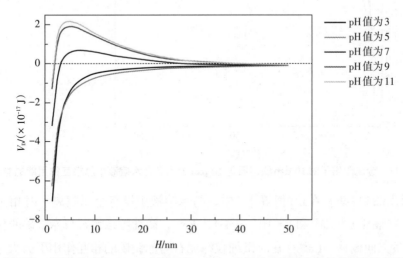

图5.23　不同pH值，10 μm绿泥石与10 μm赤铁矿在水溶液中的总相互作用能

由图5.23可知，在酸性水溶液中（pH = 5和pH = 3），10 μm的微细粒绿泥石与10 μm微细粒赤铁矿之间的总相互作用能为负值，说明两种矿物之间相互吸附，表现为引力，同时随着pH值降低到3，颗粒间的距离H在5～20 nm，两者之间的相互吸引作用力小于pH值等于5时，可以推断，水溶液的pH值在弱酸条件下，微细粒菱铁矿与石英的相互作用较强。当pH值为中性和碱性时，10 μm的微细粒菱铁矿与微细粒赤铁矿之间的总相互作用能在距离$H = 7$ nm获得最大正值，存在一个静电斥力能垒，表现为斥力，使得微细粒绿泥石与赤铁矿不容易发生絮凝团聚现象。这说明，水溶液在中性和碱性条件下，10 μm的微细粒菱铁矿与微细粒赤铁矿之间在水溶液中不易团聚，两种矿物之间为排斥作用，且随pH值的增加两者的排斥作用能也随之增强，而在酸性条件下，细粒绿泥石与赤铁矿易发生相互吸附或团聚行为。

5.2.5.3　金属阳离子对微细粒绿泥石与细粒赤铁矿相互作用的影响

水溶液为中性条件下（pH值等于7），分别考察溶液中浓度为1×10^{-3} mol·L^{-1}的Fe^{3+}和Ca^{2+}分别对10 μm的微细粒绿泥石与10 μm微细粒赤铁矿之间的相互作用能影响，赤铁矿和绿泥石在不同金属阳离子溶液中的动电位分别仍由本章5.1.2节中图5.4和图5.6给出。其计算结果见图5.24。

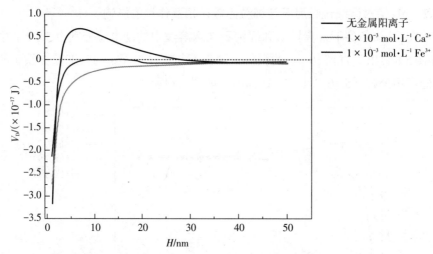

图5.24　金属阳离子对10 μm绿泥石与10 μm赤铁矿在水溶液中总相互作用能的影响

由图5.24可知，在pH值等于7中，与水溶液中没有金属阳离子时相比，加入1×10^{-3} mol·L^{-1} Ca^{2+}和1×10^{-3} mol·L^{-1} Fe^{3+}，微细粒绿泥石与赤铁矿的相互作用能向负方向偏移。Ca^{2+}存在时微细粒绿泥石与赤铁矿的相互作用引力大于Fe^{3+}存在时的作用引力。Fe^{3+}存在时，在距离$H = 8 \sim 15$ nm时，颗粒间的作用能V_D大于零，表现为斥力。综上所述，在中性的溶液中，金属阳离子Ca^{2+}的存在增加了微细粒绿泥石与赤铁矿的相互作用引力，导致磨矿过程的矿浆中，微细粒绿泥石容易吸附罩盖在粗粒赤铁矿表面，或者微细粒绿泥石与微细粒赤铁矿发生絮凝团聚现象。但Fe^{3+}存在，两颗粒在较近距离（$8 \sim 15$ nm）时，相互作用能大于零，不易发生相互吸附或团聚现象。

5.2.6　矿物颗粒之间的相互作用对矿物磨矿特性的影响

球磨石英-绿泥石、石英-菱铁矿、赤铁矿-绿泥石、赤铁矿-菱铁矿四种二元混合矿的结果可以发现（见第4章4.2节），球磨石英-绿泥石和赤铁矿-绿泥石时，石英或赤铁矿存在，导致了绿泥石的破碎速率函数明显降低；球磨石英-菱铁矿和赤铁矿-菱铁矿时，菱铁矿的存在降低了石英的破碎速率函数，而菱铁矿的存在导致赤铁矿的累积破碎分布函数略有增加。对于混合磨矿的磨矿特性，国内外研究人员做过不少试验研究，混合磨矿过程中不同矿物之间是否存在相互影响主要有以下两种观点：① 混合矿球磨时存在相互作用影响，硬度差别越大，现象越明显；② 球磨时每种矿物磨矿特性与单独球磨时一样，不受另一种矿物的影响。本书利用DLVO理论探讨了微细粒绿泥石和微细粒菱铁矿分别与粗粒石英和赤铁矿在磨矿过程中二元混合矿之间的作用机理，揭示球磨石英–绿泥石、石英–菱铁矿、石英–赤铁矿、赤铁矿–绿泥石、赤铁矿–菱铁矿物种二元混合矿中，各种矿物的破碎特性。本书结合对两相混合磨矿的试验结果，提出两种假说如下。

①　当硬度不同的两种矿物混合磨矿时，两种颗粒不容易发生相互吸附或团聚行为（例如石英–绿泥石、赤铁矿–绿泥石），硬度相对较高的矿物（高硬度矿物）对硬度相对较低的矿物（低硬度矿物）产生屏蔽作用，阻止低硬度矿物被进一步破碎。图5.25给出了高硬度矿物对低硬度矿物的屏蔽作用示意图。

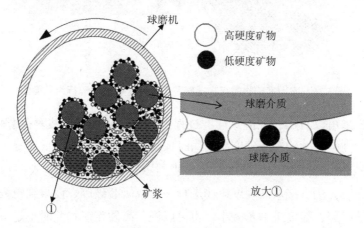

图5.25　屏蔽作用示意图

由图5.25可以看出，在湿式球磨过程中，矿物颗粒粘附在磨矿介质上，粒度相同的硬度相对较高的矿物（高硬度矿物）和硬度相对较低的矿物（低硬度矿物）同时球磨时，磨矿开始时，低硬度矿物被首先磨细，粒度减小，随后，由于周围高硬度矿物的存在，阻碍磨矿介质进一步地接触低硬度矿物，阻碍了低硬度矿物被进一步磨碎。在这种磨矿条件下，高硬度矿物阻止了低硬度矿物颗粒的进一步减小，这种作用就是高硬度矿物对低硬度矿物的屏蔽作用。屏蔽作用的存在，使低硬度矿物的磨碎速率函数降低，或使破碎分布函数升高，导致粗粒级的产率比单独磨碎时高，细粒级的产率比单独磨碎时低。混合矿物磨矿时，矿物硬度差别越大，这种屏蔽作用越明显（例如石英–绿泥石）；反之，矿物硬度差别越小，屏蔽作用减弱（例如石英–赤铁矿）。

②　然而，当硬度不同的两种矿物混合磨碎时，磨矿过程中，两种颗粒很容易发生相互吸附或团聚行为（例如石英–菱铁矿、赤铁矿–菱铁矿），硬度相对较高的矿物（高硬度矿物）不能对硬度相对较低的矿物（低硬度矿物）产生屏蔽作

用，反而加快了硬度相对较低矿物（低硬度矿物）被进一步破碎。图5.26给出了高硬度矿物（硬矿物）的存在加快了对低硬度矿物（软矿物）的磨碎示意图。

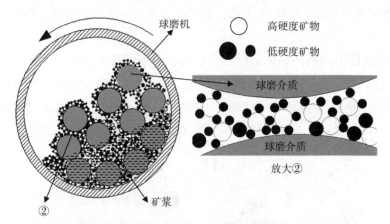

图5.26　高硬度矿物的存在提高了低硬度矿物的破碎行为示意图

由图5.26可以看出，在湿式球磨过程中，混合矿物颗粒粘附在磨矿介质上，粒度相同的高硬度矿物和低硬度矿物同时球磨，磨矿开始时，低硬度矿物先被磨细，粒度减小，细粒级的低硬度矿物会吸附罩盖到高硬度矿物表面，继续磨碎时，磨矿介质无法直接对高硬度矿物进行冲击或研磨破碎，使得细粒级的低硬度矿物继续被磨碎，粒度进一步减小。也可以说，高硬度矿物此时也是一种磨矿介质，与磨矿介质共同对低硬度矿物磨碎作用，导致低硬度矿物的细粒级产品的产率进一步提高。可见，如果高硬度矿物与低硬度矿物在磨矿过程中，矿物之间相互吸附团聚时，高硬度矿物的存在并不能对低硬度矿物的磨碎产生屏蔽作用，反而加快了低硬度矿物的磨碎行为，提高了低硬度矿物的破碎速率函数，或减小了低硬度矿物的破碎分布函数。

通过对二元混合矿、三元混合矿磨矿和人工（四元）混合矿进行分批湿式球磨试验研究（第4章），以及东鞍山铁矿石中主要矿物的相互作用机理研究（第5章），试验和研究结果揭示了东鞍山铁矿石在球磨过程中磨矿产品的粒度分布特点、主要矿物在各粒级中的含量等磨矿特性。

在湿式球磨东鞍山铁矿石过程中，细粒级绿泥石与石英和赤铁矿的相互作用都表现为斥力（在pH值等于7的中性矿浆中）。该矿石中的主要矿物石英和赤铁矿对易泥化的绿泥石有着屏蔽保护作用，阻止了绿泥石的泥化。因此，尽管矿物中有易泥化的绿泥石矿物存在，但实际磨矿产品中细粒级产品（绿泥石）产率不高，也不影响后续的分选工艺；相反，细粒级菱铁矿与石英和赤铁矿的相互作用都表现为引力（在 pH 值等于 7 的中性矿浆中），细粒级菱铁矿极易吸附罩盖在石英和赤铁矿的矿物表面，导致石英和赤铁矿的表面性质发生改变，严重恶化了后续的分选指标，并且进一步延缓了石英和赤铁矿的磨碎速率，同时更加快了菱铁矿本身的泥化，导致磨矿产品的粒度分布不均，脉石矿物与有用铁矿物的解离度降低，而细粒级中的菱铁矿含量增高。

这就是目前东鞍山烧结厂处理东鞍山铁矿石时，碳酸铁的出现恶化了该铁矿石的球磨产品和分选指标的根本原因。

5.3　本章小结

本章通过对主要矿物（石英、赤铁矿、菱铁矿和绿泥石）的 Zeta 电位测试，溶液中难免金属阳离子（Ca^{2+} 和 Fe^{3+}）的溶液化学计算，并采用经典的 DLVO 理论探讨了在磨矿过程中矿物之间的相互作用机理分析，主要得出以下结论。

① 通过对石英、赤铁矿、菱铁矿和绿泥石矿物的晶体结构和矿物表面动电位的分析，石英的零电点小于 2，赤铁矿、菱铁矿和绿泥石的零电位 pH_{pzc} 分别约为 5.5，3.75，4.5；通过对溶液中 Ca^{2+} 和 Fe^{3+} 难免金属阳离子的溶液化学计算，并使用 Zeta 电位分析金属离子对矿物表面的影响。结果发现，分别加入 $1 \times 10^{-3} \, mol \cdot L^{-1}$ Ca^{2+} 和 Fe^{3+} 对石英、赤铁矿、菱铁矿和绿泥石的表面电位的影响有一定的相似性；Ca^{2+} 的存在对石英、赤铁矿、菱铁矿和绿泥石的零电点几乎没有影响。Fe^{3+} 的加入明显改变了各矿物的表面动电位，使各矿物的等电点明显正移，各矿物零电点都在 7 左右。

② 在湿式磨矿过程中，采用 DLVO 理论对微细粒菱铁矿和绿泥石分别与石英和赤铁矿之间相互作用能进行理论计算，计算结果表明：矿浆溶液在 pH = 7 时，微细粒菱铁矿容易吸附罩盖在粗颗粒的石英表面；微细粒菱铁矿与赤铁矿颗粒很容易发生团聚吸附行为；而微细粒绿泥石与石英、赤铁矿都不发生吸附团聚行为。当水溶液在碱性条件下（pH 值不小于 9），微细粒菱铁矿分别与粗粒石英、赤铁矿之间不发生团聚吸附行为。矿浆溶液在 pH 值为酸性条件下（pH 值不大于 5），微细粒绿泥石与粗粒石英之间及微细粒绿泥石与赤铁矿之间的总相互作用能都为负值，表现为引力。矿浆溶液中（pH 值等于 7）存在金属阳离子 Ca^{2+} 和 Fe^{3+} 时，微细粒菱铁矿与石英的相互作用引力进一步降低；微细粒菱铁矿与赤铁矿颗粒更容易团聚吸附在一起；Ca^{2+} 和 Fe^{3+} 的存在都降低了微细粒绿泥石与石英的相互作用斥力，仍不能有效地使微细粒绿泥石吸附罩盖在粗粒石英表面；金属阳离

子Ca^{2+}的存在导致微细粒绿泥石容易吸附罩盖在粗粒赤铁矿表面，或者微细粒绿泥石与微细粒赤铁矿发生絮凝团聚行为，但Fe^{3+}存在，两颗粒仍不易发生吸附罩盖或团聚现象。

③在湿式球磨过程中，两种颗粒不容易发生相互吸附或团聚行为（例如石英–绿泥石、赤铁矿–绿泥石），硬度相对较高的矿物（高硬度矿物）对硬度相对较低的矿物（低硬度矿物）产生屏蔽作用，阻止低硬度矿物被进一步破碎，使低硬度矿物的磨碎速率函数降低，或使破碎分布函数升高。相反，两种颗粒很容易发生相互吸附或团聚行为（例如石英–菱铁矿、赤铁矿–菱铁矿），矿物之间相互吸附团聚时，高硬度矿物的存在并不能对低硬度矿物的磨碎产生屏蔽作用，反而加快了低硬度矿物的磨碎行为，提高了低硬度矿物的破碎速率函数，或减小了低硬度矿物的破碎分布函数。

④通过对二元混合矿、三元混合矿磨矿和人工（四元）混合矿进行分批湿式球磨试验研究（第4章），以及东鞍山铁矿石中主要矿物的相互作用机理研究（第5章），试验和研究结果揭示了碳酸铁（菱铁矿）的出现，是东鞍山烧结厂处理东鞍山铁矿石的球磨产品和分选指标不理想的根本原因。

第6章 东鞍山铁矿石磨矿特性试验研究

本章将对东鞍山实际矿石的磨矿特性进行试验研究，主要研究内容包括：① 采用与单矿物及混合矿工艺相同的球磨试验，确定东鞍山铁矿石的磨矿特征参数（磨矿破碎速率函数和累积破碎分布函数）；② 不同的磨矿介质直径、料球比、矿浆浓度等对该矿石的球磨特征参数的影响；③ 该矿石自然粒级分布的磨矿特性，并采用总体平衡动力学模型，模拟计算自然粒级分布的东鞍山铁矿石任意球磨时间内的粒级分布。

6.1 东鞍山铁矿石的磨矿特性研究

6.1.1 试验条件

针对东鞍山铁矿石矿样进行磨矿试验时，具体球磨条件和磨机参数与单矿物球磨试验基本相同，试验设备采用$\Phi100\,mm \times 150\,mm$和$\Phi200\,mm \times 200\,mm$两台实验室小型滚筒式球磨机分别进行湿式球磨试验，其中，$\Phi200\,mm \times 200\,mm$实验室小型滚筒式球磨机滚筒容积为4 L，两种球磨机参数和试验条件分别见表3.1和表6.1。

表6.1 $\Phi200\,mm \times 200\,mm$球磨机参数与球磨试验条件

	直径/mm	200
	长度/mm	200
球磨机	转速/(r·min⁻¹)	75.12
	临界转速/(r·min⁻¹)	107.7
	转速率	70%

表 6.1（续）

钢球介质	密度/(g·cm⁻³)		7.8
	堆积密度/(g·cm⁻³)		4.8
	介质填充率(磨机容积比)		0.4
	质量/kg		7.76
球介质 直径/mm	32	不同直径钢球 的质量比	0.3
	25		0.3
	18		0.4
东鞍山矿样的堆积密度/(g·cm⁻³)			1.86
料球比			0.6
矿浆浓度(质量百分比)			70%

四种不同粒级的矿样（$-2+1.19$，$-1.19+0.5$，$-0.5+0.25$，$-0.25+0.15\,\text{mm}$）分别采用两种磨机进行实验室湿式分批开路磨矿试验，所用的东鞍山铁矿石矿样质量仍以体积填充率为基准，仍取料球比 $\phi_m=0.6$，矿浆浓度为70%，磨机的介质充填率 $\phi=0.4$，东鞍山铁矿石矿样的松散密度 $\delta_{物}=1.86\,\text{g/cm}$，由表2.14给出。根据式（2.1）、表2.14和表6.1分别获得两种磨机球磨试验时所用的矿样质量：

$$W_{东鞍山矿样(1)} = 1 \times 0.4 \times 0.38 \times 0.6 \times 1.86\,\text{kg} = 0.169632\,\text{kg} \approx 169.63\,\text{g}$$

$$W_{东鞍山矿样(2)} = 4 \times 0.4 \times 0.38 \times 0.6 \times 1.86\,\text{kg} = 0.678528\,\text{kg} \approx 678.53\,\text{g}$$

为了使球磨试验方便和计算简化，东鞍山铁矿石矿样球磨所用物料取整数，采用 $\Phi100\,\text{mm} \times 150\,\text{mm}$ 球磨机时，东鞍山铁矿石矿样的质量取 $W_{东鞍山矿样} = 170\,\text{g}$。采用 $\Phi200\,\text{mm} \times 200\,\text{mm}$ 球磨机时，东鞍山铁矿石矿样的质量取 $W_{东鞍山矿样} = 680\,\text{g}$。

6.1.2　不同粒级矿样的破碎速率函数

采用两台球磨机对四种不同单粒级（$-2+1.19$，$-1.19+0.5$，$-0.5+0.25$，$-0.25+0.15\,\text{mm}$）东鞍山铁矿石矿样进行分批湿式球磨试验。将试验数据代入式（2.9），结果如图6.1所示。

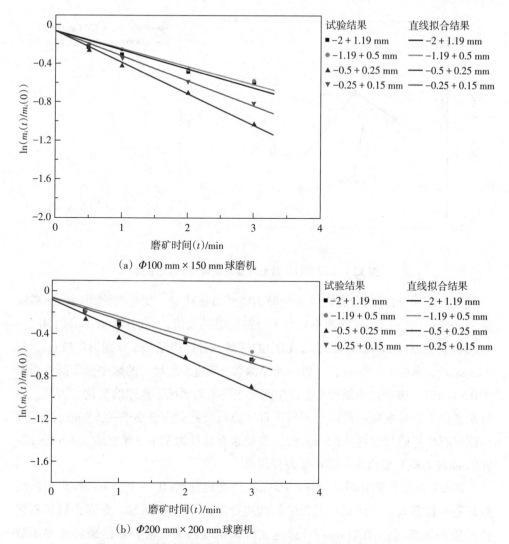

（a）Φ100 mm × 150 mm 球磨机

（b）Φ200 mm × 200 mm 球磨机

图6.1　两种球磨机球磨不同粒级东鞍山铁矿石矿样的破碎行为

由图6.1可知，$\ln\big((m_1(t)/m_1(0)\big)$ 作为一个时间 t 函数，在试验的粒级范围内，采用两种球磨机获得的东鞍山铁矿石矿样的磨矿动力学行为都是一阶线性的，每条拟合直线的斜率为该粒级东鞍山铁矿石矿样的破碎速率函数 S_i。$t=0$，两台磨机获得的各粒级东鞍山铁矿石矿样的动力学直线反向延长都没通过零点，这一现象的产生主要是由该矿样筛分过程中筛分不完全，或者磨矿过程中的筛分误差造成的。为了清晰地表达不同给料粒级对东鞍山铁矿石矿样破碎速率函数 S_i 的影响，以及不同磨机对破碎速率函数的影响，图6.2给出了两台磨机中球磨东鞍山铁矿石矿样破碎速率函数（或破碎速率）S_i 与粒级的关系。

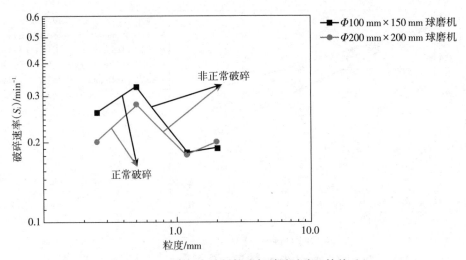

图6.2　不同磨机中给料粒度与破碎速率S_i的关系

由图6.2可知，两台磨机球磨东鞍山铁矿石矿样时，变化规律相同，给料粒级为-0.5+0.25 mm，破碎速率函数S_i分别取得最大值，此时Φ100 mm×150 mm球磨机和Φ200 mm×200 mm球磨机中的球磨破碎速率函数S_i分别为0.33 min^{-1}和0.28 min^{-1}。当小于0.5 mm时，破碎速率函数S_i随着粒度尺寸的减小而降低；当大于0.5 mm时，破碎速率函数S_i随着粒度尺寸的增加而呈不规律的变化。因此，该磨矿条件下，对东鞍山铁矿石矿样正常球磨粒级范围应该小于-0.5 mm；当东鞍山铁矿石矿样的粒度超过0.5 mm时，即使含有球径为32 mm球介质（Φ200 mm×200 mm球磨机）也出现了非正常磨碎现象。

图6.3给出了采用Φ100 mm×150 mm球磨机球磨-0.5+0.25 mm粒级东鞍山铁矿石矿样和人工（四元）混合矿的破碎行为。由图6.3可知，东鞍山铁矿石矿样的破碎速率（S_i=0.33 min^{-1}）远远大于人工（四元）混合矿的破碎速率函数（S_i=0.19 min^{-1}），这主要是因为实际矿石的力学性质要远远小于单矿物的力学性质，实际矿石的磨碎过程是一个比较复杂的过程，一般来说包括两个阶段：首先是矿石集合体的破碎及不同矿物颗粒的解离；其次是各种矿物颗粒的进一步破碎，达到所要求的粒度。这个过程可以用图6.4表示，矿岩块中各部分质点间的结合力是极不均匀的，其中矿物晶胞内各质点间的距离最小，结合力最强，晶胞间晶面上的结合力则较弱，只有晶体内部结合力的75%，而不同矿物晶体界面上的结合力又比同种矿物晶面上的结合力弱。因此，当受到破碎力作用时破碎行为将首先在矿石集合体结合力最弱的地方发生，先是不同矿物集合体解离，然后才是同种矿物集合体的进一步解离。人工（四元）混合矿石属于

同种矿物颗粒之间的解离，而东鞍山铁矿石矿样磨碎时，首先是不同矿物之间的破碎解离。因此，东鞍山铁矿石矿样的破碎速率大于人工（四元）混合矿的破碎速率函数。

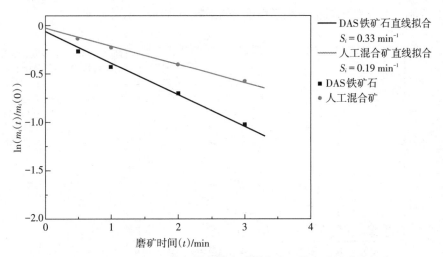

图6.3 −0.5 + 0.25 mm 粒级的东鞍山矿样和人工混合矿的破碎行为

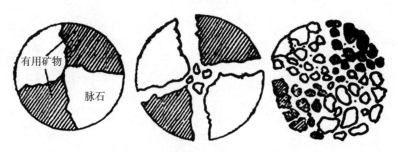

图6.4 矿石破碎过程示意图[11]

以下的球磨试验使用破碎速率值最大时的粒级，即使用−0.5 + 0.25 mm 粒级的东鞍山铁矿石矿样进行下一步球磨试验。

6.1.3 东鞍山矿样的细粒级零阶产出特征

采用两种磨机对−0.5 + 0.25 mm 粒级的东鞍山铁矿石矿样进行球磨试验，细粒级负累积产率的试验结果代入式（2.10），图6.5展示了两种球磨机（Φ100 mm × 150 mm 和球磨机和Φ200 mm × 200 mm 球磨机）球磨−0.5 + 0.25 mm 东鞍山铁矿石矿样的细粒级产出特征。

　　由图6.5可知：在较短的磨矿时间内，采用两种球磨机（$\Phi100$ mm × 150 mm
球磨机和$\Phi200$ mm × 200 mm 球磨机）分别球磨$-0.5 + 0.25$ mm 粒级东鞍山铁矿石
矿样产生的-0.044，-0.074，-0.1，-0.15 mm 四个粒级都具有显著的细粒级零阶
产出特征，拟合直线斜率为小于粒度x_i的细粒级零阶产出常数$\bar{F}_i$。

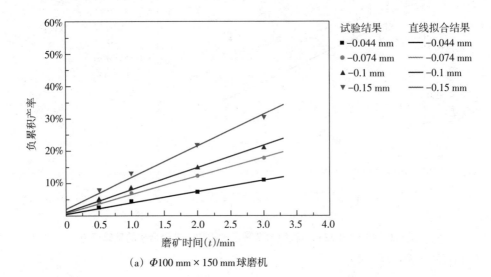

（a）$\Phi100$ mm × 150 mm 球磨机

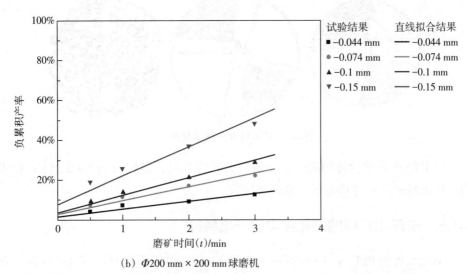

（b）$\Phi200$ mm × 200 mm 球磨机

图6.5　采用两种球磨机球磨$-0.5 + 0.25$ mm 东鞍山矿样的细粒产出特征

　　图6.6给出了两种球磨机分别球磨东鞍山铁矿石矿样时，细粒级零阶产出常
数$\bar{F}_i$与粒度x_i的关系。

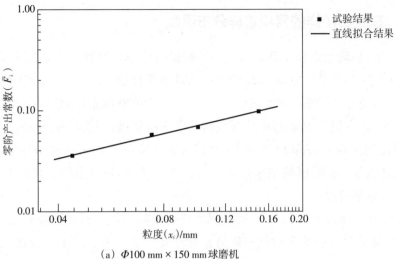

（a）$\Phi100\ \text{mm} \times 150\ \text{mm}$ 球磨机

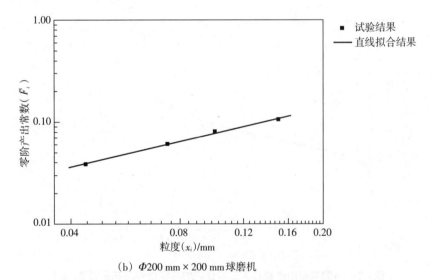

（b）$\Phi200\ \text{mm} \times 200\ \text{mm}$ 球磨机

图6.6　采用两种球磨机短时间磨矿时东鞍山矿样的 $\bar{F}_i$ 与 x_i 的关系

　　对图6.5（a）和图6.5（b）中粒度 x_i 的细粒级零阶产出常数 $\bar{F}_i$ 的线性拟合，由图6.6可知，$\bar{F}_i$ 和 x_i 的关系满足式（3.5）。分析两种型号球磨机（$\Phi100\ \text{mm} \times 150\ \text{mm}$ 球磨机和 $\Phi200\ \text{mm} \times 200\ \text{mm}$ 球磨机）球磨试验的直线拟合结果发现：采用 $\Phi100\ \text{mm} \times 150\ \text{mm}$ 球磨机球磨时，细粒级产出特征中指数常数 $\alpha = 0.816$ ［见图 6.6（a）］；采用 $\Phi200\ \text{mm} \times 200\ \text{mm}$ 球磨机球磨时，细粒级产出特征中指数常数 $\alpha = 0.825$ ［见图6.6（b）］。

6.1.4　东鞍山矿样的累积破碎分布函数

采用B_{II}法确定东鞍山铁矿石矿样的累积破碎分布函数，试验数据选取的磨矿时间$t = 1$ min，采用$\Phi 100$ mm × 150 mm球磨机球磨-0.5 + 0.25 mm东鞍山铁矿石矿样时仅有小于27%矿物磨碎至-0.25 mm，采用$\Phi 200$ mm × 200 mm球磨机球磨-0.5 + 0.25 mm东鞍山铁矿石矿样时仅有小于36%矿物磨碎至-0.25 mm，都符合B_{II}法的使用范围。将单粒级-0.5 + 0.25 mm东鞍山铁矿石矿样分别采用两种球磨机球磨1 min的试验结果代入式（2.32），可以获得东鞍山铁矿石矿样的累积破碎分布函数。

采用$\Phi 100$ mm × 150 mm球磨机球磨获得东鞍山铁矿石矿样和人工（四元）混合矿的累积破碎分布函数B_{ij}值作为相对粒级尺寸（x_i/x_j，$j = 1$，$x_j = 0.5$ mm）的函数结果如图6.7所示。

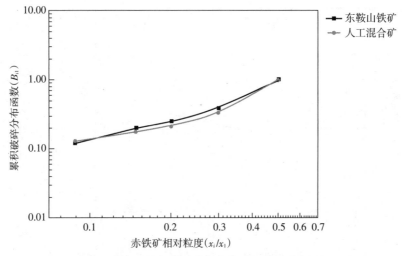

图6.7　球磨东鞍山矿样和人工混合矿的累积破碎分布函数B_{i1}曲线

由图6.7可知，球磨东鞍山铁矿石矿样和人工（四元）混合矿累积破碎分布函数B_{i1}几乎重合，由累积破碎分布函数的定义可以判定，东鞍山铁矿石矿样和人工（四元）混合矿球磨破碎后的产品在各个粒级中的分布是相同的。人工（四元）混合矿中的石英、赤铁矿、菱铁矿和绿泥石配比含量近似与东鞍山铁矿石矿样中主要矿物的含量相同。

采用两种球磨机球磨获得东鞍山铁矿石矿样和人工（四元）混合矿的累积破碎分布函数B_{ij}值作为相对粒级尺寸（x_i/x_j，$j = 1$，$x_j = 0.5$ mm）的函数结果分别如

图6.8所示。由图6.8可知，采用Φ100 mm × 150 mm球磨机和Φ200 mm × 200 mm球磨机球磨东鞍山铁矿石矿样获得的累积破碎分布函数B_{i1}几乎重合，由累积破碎分布函数的定义可以判定，无论采用哪种球磨机球磨东鞍山铁矿石矿样，球磨破碎后的产品在各个粒级中的分布是相同的。普遍认为，在正常球磨粒级范围条件下，累积破碎分布函数仅与物料本身的物理性质有关，与磨矿工艺条件（如球磨机类型、填充率、转速率、装矿量、球介质组成等）等因素不敏感。

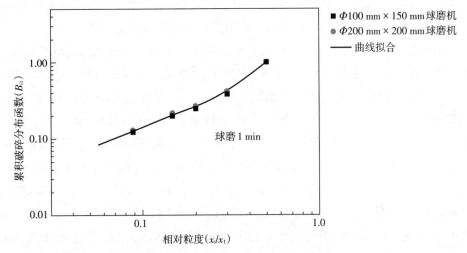

图6.8 两种球磨机获得球磨东鞍山矿样的累积破碎分布函数B_{i1}曲线

根据图6.7和图6.8获得东鞍山铁矿石矿样或人工（四元）混合矿的累积破碎分布函数B_{i1}的曲线图，采用经验公式法［式（2.41）］拟合它们的累积破碎分布函数B_{i1}中的φ，γ，β的参数值。求得的东鞍山铁矿石矿样或人工（四元）混合矿的累积破碎分布函数B_{i1}中 φ，γ，β的值见表6.2。

表6.2 东鞍山铁矿石矿样和人工（四元）混合矿的累积破碎分布函数的参数

名称	φ	γ	β
东鞍山铁矿石矿样	0.65	0.84	8.00
人工（四元）混合矿	0.56	0.80	8.00
平均值	0.61	0.82	8.00

6.1.5　球磨东鞍山矿样的模拟计算结果

　　两种球磨机球磨单粒级−0.5＋0.25 mm的东鞍山铁矿石试样，破碎速率函数 S_i 由图6.1至图6.3给出，采用 B_{II} 算法或经验公式法计算获得−0.5＋0.25 mm东鞍山铁矿石试样的磨矿累积破裂分布函数 B_{i1}，通过磨矿总体平衡动力学数学模型的模拟计算考查这些破裂参数是否成立。在假定上述各破裂参数计算公式成立的前提下，代入式（2.3）进行模拟计算。图6.9给出了两台球磨机（$\Phi100\,mm\times150\,mm$ 球磨机和 $\Phi200\,mm\times200\,mm$ 球磨机）的模拟计算结果和试验结果。

　　由图6.9可知，采用总体平衡磨矿动力学模型，模拟计算结果与球磨试验结果一致，最大误差不超过5%。说明前述计算所获得的东鞍山铁矿石试样破碎参数是正确的，可以认为该数学模型能对任意时刻，料球比为0.6单粒级（−0.5＋0.25 mm）东鞍山铁矿石试样的磨矿产品粒度分布进行理论分析计算。采用 $\Phi100\,mm\times150\,mm$ 球磨机球磨时［见图6.9（a）］，随着磨矿时间的增加，各粒级磨矿产品的负累积产率也随着增加，当磨矿时间由0.5 min延长到3 min时，−0.044 mm粒级磨矿产品的累积产率也由2.04%增加到11.04%，−0.25 mm粒级磨矿产品的累积产率也由20.08%增加到64.07%。采用 $\Phi200\,mm\times200\,mm$ 球磨机球磨时［见图6.9（b）］，变化趋势与图6.9（a）相似，当磨矿时间由0.5 min延长到3 min时，−0.044 mm粒级磨矿产品的累积产率也由2.53%增加到9.79%，−0.25 mm粒级磨矿产品的累积产率也由19.85%增加到59.23%。

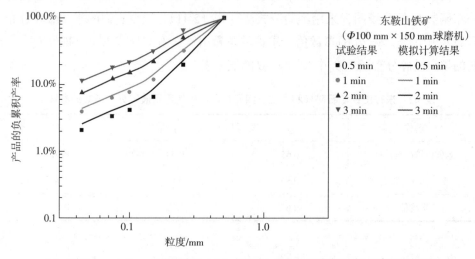

（a）$\Phi100\,mm\times150\,mm$ 球磨机球磨−0.15＋0.25 mm东鞍山试样试验结果与模拟结果对比

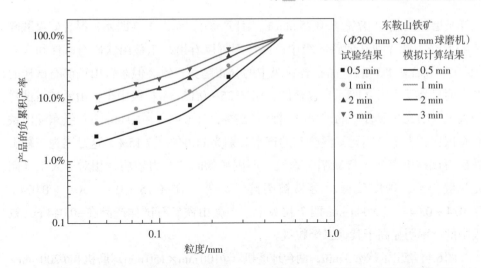

（b）Φ200 mm×200 mm球磨机球磨–0.15+0.25 mm东鞍山试样试验结果与模拟计算结果对比

图6.9　两种球磨机球磨–0.5+0.25 mm东鞍山试样试验结果与模拟计算结果对比

为对比东鞍山铁矿石试样和人工（四元）混合矿球磨后的产品在各粒级中的分布，图6.10给出了采用Φ100 mm×150 mm球磨机球磨3 min，各粒级中东鞍山铁矿石试样和人工（四元）混合矿的产率分布柱状图。

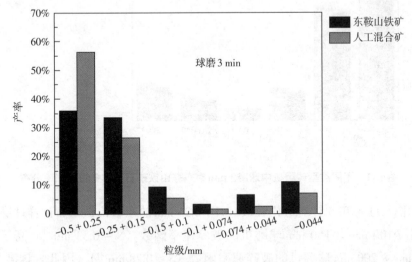

图6.10　球磨3 min时东鞍山铁矿石试样和人工混合矿各粒级产率分布

由图6.10可知，该矿样原–0.5+0.25mm粒级中东鞍山铁矿石试样和人工（四元）混合矿的产率分别为35.93%，56.33%，相同球磨条件下，东鞍山铁矿石试样被磨碎高达64.07%（−0.25 mm的累计产率），而人工（四元）混合矿仅磨碎了43.67%。磨碎到其他各粒级中产品产率可以看出，东鞍山铁矿石试样和人工（四元）混合矿磨碎的产品在各粒级中的分布趋势一致，但东鞍山铁矿石试样的产率明显高于人工（四元）混合矿，在−0.25 + 0.15 mm粒级中东鞍山铁矿石试样和人工（四元）混合矿的产率分别为33.53%，26.63%，−0.044 mm粒级东鞍山铁矿石试样和人工（四元）混合矿的产率分别为11.04%、7.15%，这是因为东鞍山铁矿石试样中存在大量缺陷、裂纹，不同矿物间结合力较弱，相对于人工（四元）混合矿，硬度较低，容易被磨碎。另外，在−0.15 + 0.1，−0.1 + 0.074，−0.074 + 0.044，−0.044 mm四个粒级中，东鞍山铁矿石试样产品在−0.044 mm粒级中的产率明显高于其他三个粒级。

图6.11给出了球磨3 min，两台球磨机（Φ100 mm×150 mm球磨机和Φ200 mm×200 mm球磨机）球磨东鞍山铁矿石试样后的产品在各粒级中的分布柱状图。

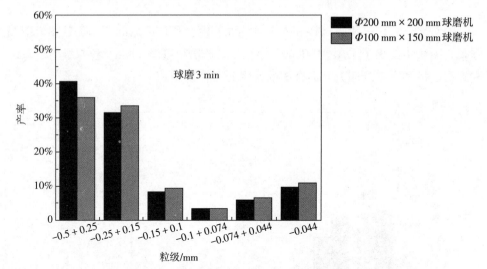

图6.11 不同类型球磨机中球磨3 min时东鞍山铁矿石试样各粒级产率分布

由图6.11可知，针对最粗粒级−0.5 + 0.25 mm的东鞍山铁矿石试样球磨，由于采用Φ100 mm × 150 mm球磨机的破碎速率函数（S_i = 0.33 min^{-1}）高于采用Φ200 mm × 200 mm球磨机的破碎速率函数（S_i = 0.28 min^{-1}），因此，球磨3 min后，Φ100 mm × 150 mm球磨机中最粗粒级（−0.5 + 0.25 mm粒级）中剩下未破碎的产品含量（产率为35.93%）低于Φ200 mm × 200 mm球磨机中最粗粒级（−0.5 + 0.25 mm粒级）中剩下未破碎的产品含量（产率为40.77%），Φ100 mm × 150 mm

球磨机和$\Phi 200\,mm \times 200\,mm$球磨机中细粒级$-0.044\,mm$东鞍山铁矿石试样的产率分别为11.04%，9.79%。两种球磨机破碎过程中，东鞍山铁矿石矿样的累积分布函数不会变化，也就是破碎后的产品在各粒级中分布是一样的，从图6.11中也发现，东鞍山铁矿石试样磨碎的产品在各粒级中的分布趋势一致。

6.2　球磨自然粒级分布的东鞍山铁矿石模拟计算

工业上，磨矿工艺主要目的是使物料磨碎到所需要的粒级，但这个磨矿过程是一个高能耗的生产过程，整个工厂一半以上的消耗成本都在磨碎流程，因此，设计选矿厂的工程师都十分重视球磨系统和工艺流程的优化。实际上，矿石在球磨过程中，球磨机的大小、球磨工艺条件（如球磨机类型、装球率、转速率、装矿量、球介质组成等）等因素主要是影响矿石的破碎速率函数，也就是破碎速度的快慢，而对矿石磨碎后进入各个粒级的分布影响不大[81, 166]。因此，为了有效优化和设计工业现场的球磨配置，研究人员可以依靠实验室分批球磨试验，根据总体平衡动力学模型，建立破碎速率函数方程和累积破碎分布函数方程来确定最优化的磨矿工艺流程配置，通过实验室模拟计算获得最优的球磨工艺参数，扩展放大到工业现场的磨碎工艺流程中[87, 167-168]。这个方法已经非常成功地应用到了许多矿山企业的磨碎流程中，随着该方法的技术革新和改进，甚至能应用到整个选矿厂工艺流程的优化[167, 169-171]。

本节根据对单粒级东鞍山铁矿石矿样的不同球径介质的球磨试验，确定最佳球径介质条件下各粒级的磨矿特性参数（破碎速率函数和累积破碎分布函数）方程，计算模拟球磨$-2\,mm$自然粒级分布的东鞍山铁矿石矿样的粒级分布规律，可以对企业现场一段磨矿产品粒级分布进行预测分析。

东鞍山铁矿石$-2\,mm$粒级的矿样组成如表6.3所示。为了试验方便，试验设备仍采用$\Phi 100\,mm \times 150\,mm$实验室小型滚筒式球磨机分批进行湿式球磨试验。不同磨矿介质直径（$\Phi 30$，$\Phi 25$，$\Phi 19$，$\Phi 12\,mm$）分别对四种不同粒级的矿样（$-2+1.19$，$-1.19+0.5$，$-0.5+0.25$，$-0.25+0.15\,mm$）进行实验室湿式分批开路磨矿试验，即单磨矿介质直径球磨试验。其他球磨试验条件与6.1.1节相同。所用的东鞍山铁矿石矿样质量仍以体积填充率为基准，仍取料球比$\phi_m = 0.6$，矿浆浓度为70%，磨机的介质充填率$\phi \approx 0.4$。

表6.3 −2 mm原矿粒度组成

粒级/mm	产率	正累积产率	负累积产率
−2+1.19	31.13%	31.13%	100%
−1.19+0.5	34.16%	65.29%	68.87%
−0.5+0.25	8.06%	73.35%	34.71%
−0.25+0.15	6.84%	80.19%	26.65%
−0.15+0.1	3.81%	84.02%	19.81%
−0.1+0.074	2.77%	86.79%	16%
−0.074+0.044	3.95%	90.74%	13.23%
−0.044+0.040	2.07%	92.18%	9.28%
−0.040+0.030	1.04%	93.85%	7.21%
−0.030+0.020	1.55%	95.40%	6.17%
−0.020+0.010	1.90%	97.30%	4.62%
−0.010	2.72%	100%	2.72%
合计	100%		

6.2.1 不同球径磨矿介质的球磨试验研究

6.2.1.1 不同球径磨矿介质的破碎行为

不同球径（30，25，19，12 mm）的磨矿介质分别球磨四种不同单粒级（−2+1.19，−1.19+0.5，−0.5+0.25，−0.25+0.15 mm）东鞍山铁矿石矿样进行分批湿式球磨试验。试验数据代入式（2.9），结果如图6.12所示。

由图6.12（a）（b）（c）可知，采用球径为30，25，19 mm的磨矿介质分别球磨四种单粒级东鞍山铁矿石矿样，所用粒级的磨矿动力学行为都符合一阶线性的，每条拟合直线的斜率为该粒级东鞍山铁矿石矿样的破碎速率函数S_i，其中球径为30，25 mm磨矿介质球磨时发现，−2+1.19 mm粒级的东鞍山铁矿石矿样破碎速率最大，而采用直径为19 mm的磨矿介质时，−0.5+0.25 mm粒级的东鞍山铁矿石矿样破碎速率最大；由图6.12（d）可知，采用直径为12 mm的磨矿介质球磨不同粒级的东鞍山铁矿石矿样时，−2+1.19，−1.19+0.5 mm两个粒级的东鞍山铁矿石矿样的磨矿动力学行为明显的显示是非线性的，仅 $-0.5 + 0.25$，$-0.25 + 0.15$ mm 两个粒级的东鞍山铁矿石矿样的磨矿行为符合一阶磨矿动力学模型，且 $-0.5 + 0.25$ mm 粒级的破碎速率函数大于 $-0.25 + 0.15$ mm 的破碎速率函数。

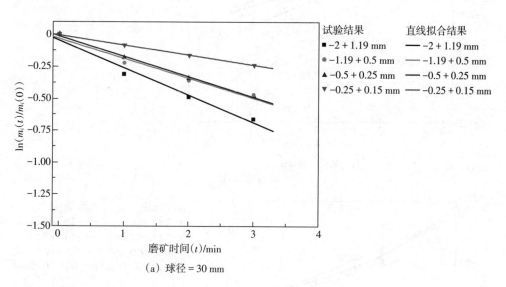

（a）球径 = 30 mm

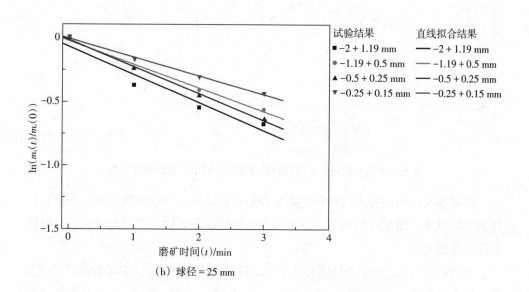

（b）球径 = 25 mm

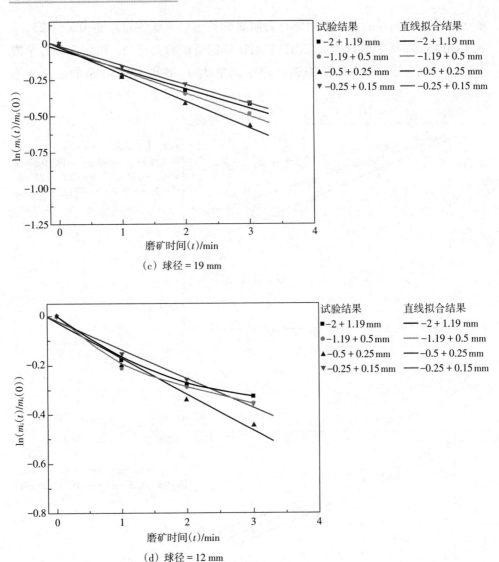

图6.12　不同粒级和不同球介质直径对东鞍山矿样的破碎行为

根据图6.12中四种不同球径的磨矿介质分别球磨四种单粒级东鞍山铁矿石矿样的磨碎结果，图6.13给出了不同粒级东鞍山铁矿石矿样的破碎速率函数与磨矿介质直径的关系。

由图6.13可知，磨矿介质直径为25 mm时，各粒级的破碎速率函数都获得最大值。四个单粒级−2＋1.19，−1.19＋0.5，−0.5＋0.25，−0.25＋0.15 mm东鞍山铁矿石矿样的破碎速率函数分别为0.22，0.19，0.21，0.15 min⁻¹。因此，该球磨条件下，磨矿介质选取直径为25 mm时，是最佳球磨的磨矿介质直径，且认为球磨–0.5 mm粒级以下的东鞍山铁矿石矿样为正常磨碎范围。后续磨矿试验都采用球磨Φ25 mm的磨矿介质，其他条件没有特殊说明都保持不变。

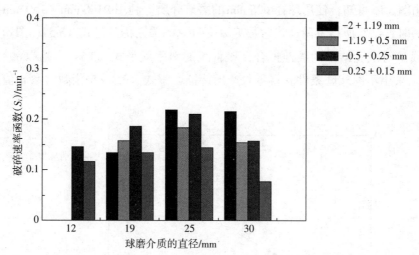

图6.13　球磨介质对不同粒级东鞍山矿样的破碎速率函数的影响

6.2.1.2　球磨–0.5 + 0.25 mm粒级的零阶产出特征与粒级破碎速率函数的确定

采用球径为25 mm磨矿介质对–0.5 + 0.25 mm粒级的东鞍山铁矿石矿样进行球磨试验，图6.14给出了该球磨试验的细粒级产出特征。

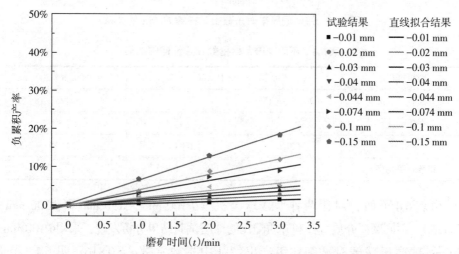

图6.14　采用球径25 mm介质球磨–0.5 + 0.25 mm东鞍山矿样的细粒产出特征

由图6.14可知：在较短的磨矿时间内，–0.5 + 0.25 mm粒级东鞍山铁矿石矿样产生的–0.01，–0.02，–0.03，–0.04，–0.044，–0.074，–0.1，–0.15 mm细粒级都

具有显著的细粒级零阶产出特征，拟合直线斜率为小于粒度 x_i 的细粒级零阶产出常数 $\bar{F}_i$。图 6.15 给出了东鞍山铁矿石矿样细粒级零阶产出常数 $\bar{F}_i$ 与粒度 x_i 的关系图。由图 6.15 可知，使用球径 $\Phi25$ mm 的磨矿介质，利用 $\Phi100$ mm × 150 mm 球磨机球磨时，试验所得零阶产出常数 $\bar{F}_i$ 和粒级 x_i 的关系仍满足式（3.5），图 6.15 中的直线是对试验结果的线性拟合，该直线的斜率就是式（3.5）中指数常数 $\alpha = 0.843$。采用不同球磨条件获得零阶产出特征方程式（3.5）中指数常数 α 值如表 6.4 所示。

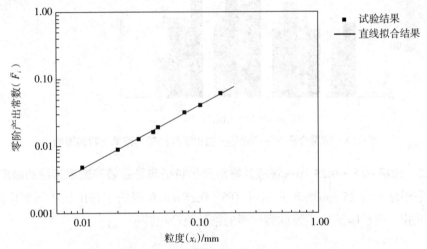

图 6.15　短时间磨矿时东鞍山矿样的 $\bar{F}_i$ 与 x_i 的关系

表 6.4　不同球磨条件指数 α 线性回归结果

磨机规格	$\Phi100$ mm × 150 mm		$\Phi200$ mm × 200 mm
介质直径 /mm	25，20，15	25	35，25，18
介质配比	3∶3∶4	1	3∶3∶4
指数 α	0.816	0.843	0.825
指数 α 平均值	0.828		

由表 6.4 可如，对比两种型号球磨机（$\Phi100$ mm × 150 mm 和 $\Phi200$ mm × 200 mm）、不同磨矿介质直径和介质配比的球磨试验结果分析发现：采用 $\Phi100$ mm × 150 mm 球磨机球磨时，细粒级产出特征中指数常数 $\alpha = 0.816$（见 6.1.3 节图 6.6），$\alpha = 0.843$（见 6.1.3 节图 6.6），与采用 $\Phi200$ mm × 200 mm 球磨机球磨时指数常数 $\alpha = 0.825$（见 6.1.3 节图 6.6）相差不大。两种球磨机不仅直径不同，而且磨矿条件（如充填率、转速率、装矿量、球介质组成等）也不同，考虑到试验误差

的存在，可以认为物料的 α 值与磨机尺寸和磨矿条件无关，而是由物料本身的碎裂特性决定，本书可以用它们的平均值作为指数常数 $\alpha = 0.828$。早先有许多研究人员也发现了这个规律。

文献指出 [88, 100, 166, 172-174]，对于规范化的球磨范围条件下，单粒级物料磨碎时，其破碎速率函数 S_i 与 x_i 的关系满足

$$S_i = Ax_i^{\sigma} \tag{6.1}$$

式中，σ，A 为常数。且有

$$\sigma = \alpha \tag{6.2}$$

球磨东鞍山铁矿石矿样时，-0.5 mm 粒级的矿样为正常的磨碎范围，前述的试验可知，球径 $\Phi 25$ mm 的磨矿介质球磨 $-0.25 + 0.15$ mm 的单粒级东鞍山铁矿石矿样时，其破碎速率函数 $S_i = 0.15$ min^{-1}，常数 $\sigma = \alpha = 0.828$，数据代入式（6.1）中获得参数 $A = 0.473$。假定球磨其他粒级东鞍山铁矿石矿样时（$x_i \leqslant 0.25$ mm），它的碎裂特性满足式（6.1）和式（6.2），球磨 -0.25 mm 粒级东鞍山铁矿石矿样的破碎速率函数满足

$$S_i = 0.473x_i^{0.828} \quad (0 \leqslant x_i \leqslant 0.25 \text{ mm}) \tag{6.3}$$

假定的计算模型结果是否成立，将会在讨论球磨自然粒级东鞍山铁矿石矿样（$x_i \leqslant 2$ mm）模拟计算结果时来考察。

6.2.1.3　球磨各粒级矿样的累积破碎函数确定

采用 B_{II} 法确定不同球径介质条件下东鞍山铁矿石矿样的累积破碎分布函数 B_{ij}，试验数据选取的磨矿时间 $t = 1$ min，获得的累积破碎分布函数如图 6.16 所示。

图 6.16（a）（b）（c）（d）给出了给矿粒级为 $-2 + 1.19$，$-1.19 + 0.5$，$-0.5 + 0.25$，$-0.25 + 0.15$ mm 四种东鞍山铁矿石矿样采用不同直径的磨矿介质分别球磨获得的累积分布函数图。由图 6.16 可知，球磨相同粒级东鞍山铁矿石矿样时，磨矿介质直径分别使用 30，25，19，12 mm，东鞍山铁矿石矿样的累积破碎分布函数 B_{i1} 不变。球磨时，磨矿介质对给定单粒级（$j = 1$）的磨矿累积分布函数没有影响。由累积破碎分布函数的定义可以判定，无论采用哪种直径的磨矿介质或混合介质，东鞍山铁矿石矿样球磨破碎后的产品在各个粒级中的分布是相同的。

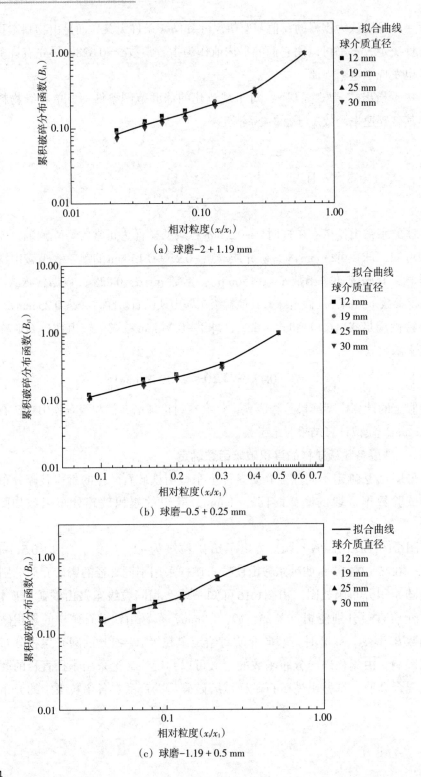

（a）球磨–2 + 1.19 mm

（b）球磨–0.5 + 0.25 mm

（c）球磨–1.19 + 0.5 mm

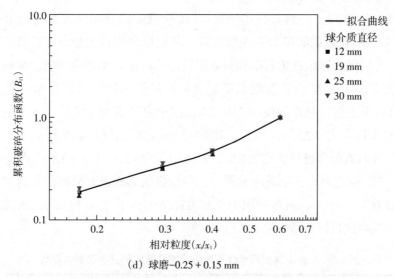

（d）球磨−0.25＋0.15 mm

图6.16　采用四种球介质球磨不同粒级东鞍山矿样的累积破碎分布函数 B_{i1}

上述6.2.1.2节试验结果获得了东鞍山铁矿石矿样−0.5 mm粒级为正常破碎粒级，取−0.25 mm以下的粒级的累积破碎分布函数 B_{ij} 可以规范化，即满足式（2.33），采用 B_{i1} 法确定各粒级东鞍山铁矿石矿样的累积破碎分布函数，试验数据选取的磨矿时间 t=1 min，采用直径为25 mm的球磨介质，四种单粒级（−2＋1.19，−1.19＋0.5，−0.5＋0.25，−0.25＋0.15 mm）东鞍山铁矿石矿样试验数据代入式（2.32），可以获得四种粒级东鞍山铁矿石矿样的累积破碎分布函数，东鞍山铁矿石矿样的累积破碎分布函数 B_{ij} 作为相对粒级尺寸（x_i/x_j）的函数结果如图6.17所示。

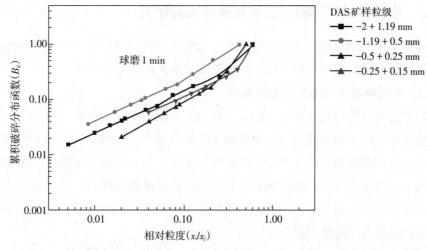

图6.17　球径为Φ25 mm的球磨介质球磨东鞍山矿样的累积破碎分布函数 B_{j1} 曲线

由图 6.17 可知，相对粒级小于 0.1，其累积破碎分布函数变化趋于一致，$-1.19+0.5$ mm 粒级的破碎分布函数值高于其他粒级的累积分布函数值，根据图 6.17 获得各粒级东鞍山铁矿石矿样的累积破碎分布函数 B_{i1} 的曲线图，采用经验公式法［式（2.41）］拟合各粒级东鞍山铁矿石矿样的累积破碎分布函数 B_{ij} 中的 φ，γ，β 的参数值。这里假设 -0.25 mm 东鞍山铁矿石矿样的累积分布函数为规范化的，即 B_{ij} 符合式（2.33）。因此，球磨 -2 mm 东鞍山铁矿石矿样的累积破碎分布函数通过函数拟合可以获得表 6.5，表 6.5 中认为 $-2+1.19$，$-1.19+0.5$，$-0.5+0.25$ mm 三个粒级为非正常破碎范围，三个粒级的累积破碎分布函数通过各自的参数计算获得，-0.25 mm 各粒级为正常破碎范围，因此 -0.25 mm 粒级的累积分布函数可以通过相同参数计算。

表 6.5 东鞍山铁矿石矿样不同粒级的累积破碎分布函数的参数

编号	粒级/mm	B_{ij}	φ	γ	β
1	$-2+1.19$	B_{i1}	0.76	0.74	9.22
2	$-1.19+0.5$	B_{i2}	0.84	0.63	4.01
3	$-0.5+0.25$	B_{i3}	0.65	0.86	8.00
4	$-0.25+0.15$	B_{i4}	0.62	0.74	11.50
⋮	⋮	⋮	0.62	0.74	11.50
⋮	⋮	⋮	0.62	0.74	11.50
j	⋯	B_{ij}	0.62	0.74	11.50

6.2.2 东鞍山矿样球磨工艺优化条件试验研究

通过采用不同直径的磨矿介质试验，确定了最佳的磨矿介质直径为 $\Phi 25$ mm。通过下面研究试验来确定料球比、磨矿浓度等磨矿条件的影响。

6.2.2.1 不同料球比对磨矿结果的影响

料球比是指物料表征体积（包括物料间的空隙在内）与球磨机静止时内部介质孔隙体积之比。料球比过大，由于加入的矿石量大，影响介质的运动和物料的流动性，从而使物料磨碎不充分，磨矿效果降低，甚至造成磨机胀肚，降低磨机的处理量；料球比过小，加入物料较少，磨矿的处理能力降低，且介质间的碰撞概率增加，加快了磨矿介质的磨损。所以必须确定适宜的料球比，进行料球比试验。每次试验所用的球介质质量

$$Q = V \times \varphi \times \rho_{介质} \tag{6.4}$$

式中，Q 为球介质质量，单位为 kg；V 为容器的有效体积，单位为 L；φ 为充填率；$\rho_{介质}$ 为介质的松散密度。

表6.6　料球比与球磨矿样质量的关系

料球比	0.6	0.8	1.0	1.2
矿样量/g	170	227	284	340

每次试验所用的矿样质量由式（2.1）计算给出，以 $\Phi25$ mm 钢球做磨矿介质，料球比取 0.6，0.8，1.0，1.2 时所对应的矿样质量如表6.6所示，其他球磨条件不变，采用不同料球比的试验结果见表6.7。由表6.6可知，随着料球比的增大，磨机的装矿量也在增大。由表6.7可知，相同球磨条件下，随着磨矿时间的延长，各细粒级（−0.074，−0.044，−0.020 mm）含量逐渐增加。

表6.7　不同料球比的磨矿试验结果

料球比		球磨时间/min					
		1	2	3	6	10	15
0.6	−0.074 mm产率	17.73%	20.63%	23.42%	30.13%	40.67%	53.20%
	−0.044 mm产率	15.07%	17.26%	19.21%	21.04%	27.96%	35.87%
	−0.020 mm产率	5.54%	6.97%	7.59%	9.85%	13.38%	17.41%
	−0.074 mm 的比生产率 $q/(\text{t}\cdot\text{m}^{-3}\cdot\text{h}^{-1})$	0.46	0.38	0.35	0.29	0.28	0.27
0.8	−0.074 mm产率	16.85%	19.13%	21.31%			
	−0.044 mm产率	14.15%	16.24%	17.52%			
	−0.020 mm产率	5.52%	6.46%	7.56%			
	−0.074 mm 的比生产率 $q/(\text{t}\cdot\text{m}^{-3}\cdot\text{h}^{-1})$	0.49	0.40	0.37			
1.0	−0.074 mm产率	15.73%	17.30%	19.07%			
	−0.044 mm产率	13.23%	14.50%	16.01%			
	−0.020 mm产率	5.17%	6.08%	6.19%			
	−0.074 mm 的比生产率 $q/(\text{t}\cdot\text{m}^{-3}\cdot\text{h}^{-1})$	0.43	0.35	0.33			
1.2	−0.074 mm产率	15.76%	17.08%	18.73%			
	−0.044 mm产率	13.54%	14.58%	15.80%			
	−0.020 mm产率	5.08%	5.56%	6.08%			
	−0.074 mm 的比生产率 $q/(\text{t}\cdot\text{m}^{-3}\cdot\text{h}^{-1})$	0.52	0.39	0.38			

由于装矿量的增加，磨矿细度不能准确反映磨矿效果，因此考查不同料球比条件下磨机的磨矿效率要考虑各自的比生产率，料球比不变时，随着球磨时间的延长，–0.074 mm 的比生产率也随着降低。比生产率指单位时间单位容积内新生成的细粒级的质量，表达式为

$$q = \frac{m(\theta - \theta_0)}{V \cdot t} \tag{6.5}$$

式中，m 为矿样的质量，θ，θ_0 分别指磨矿后和磨矿前某一个粒级的含量，V 为磨机的有效体积，t 为磨矿时间。

比生产率能够直观地反映磨机的磨矿效果，结合表6.7，图6.18给出了球磨3 min 时，–0.074 mm 粒级的累积产率及比生产率。可以发现，随着料球比的增大，细粒级–0.074 mm 的产率呈降低的趋势，细粒级–0.020 mm 的累积产率变化趋势相似。当料球比为0.6时，细粒级–0.074 mm 的产率最高，产率为23.42%。料球比由0.6增大到1.2，而–0.074 mm 的比生产率都变化不大。本试验没有考虑球磨机中磨矿介质的损耗，因此试验可以采用料球比为0.6，此时，各粒级的负累积产率最高。

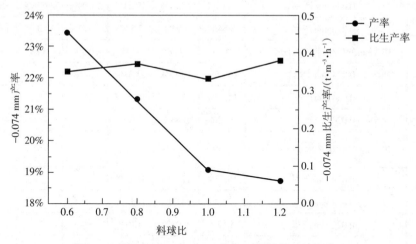

图6.18　料球比对–0.074 mm粒级尺寸的磨矿效果影响

6.2.2.2　不同的磨矿浓度对磨矿结果的影响

磨矿浓度是影响磨矿效果的一个重要因素，在湿式磨矿过程中，矿浆黏性使钢球介质表面有一层矿浆，称为罩盖层[175]，罩盖层的厚度直接影响磨矿介质损耗速度及磨机的磨矿效率，从而影响磨机处理能力[176-177]。磨矿浓度增高时，黏性变大，磨矿介质周围粘着的物料增多，磨矿效率提高；而磨矿浓度过高时，磨

矿介质的有效比重降低，矿浆的流动性降低，冲击力降低，也增加了排矿难度，磨矿效果变差；磨矿浓度低时，介质在矿浆中有效比重增大，因此介质间的冲击力和研磨力均较强，粘着在介质周围的物料较少，物料受研磨的效率降低，也影响着磨机的生产效率。另外，对溢流型球磨机来说，矿浆太浓，粗矿粒沉降速度小，容易溢流跑粗；矿浆太稀，细颗粒容易下沉，造成产物粒度较细，容易发生过粉碎。综合考虑磨矿浓度应该保持在合理的范围内，并不是越高越好，也不是越低越好。一般来说，粗磨（+0.15 mm）或磨比重大的矿石时，磨矿浓度相对较大，为75%～82%。多个选厂生产证明，粗磨时，磨矿浓度保持在78%～81%，更有利于发挥磨矿效率。细磨（-0.1+0.074 mm）或磨比重较小的矿石时，磨矿浓度应相对低些，通常为65%～75%。而当转速较高时，磨矿浓度应稍低一点[178]。

考查磨矿浓度试验条件：磨矿介质Φ25 mm钢球、磨机转速率75%、料球比0.6、介质充填率0.4%、磨矿时间2 min，其他试验条件与5.3.1节相同。考查磨矿浓度为55%，60%，65%，70%，75%，80%时，磨矿试验结果如表6.8和图6.19所示。

表6.8　磨矿浓度对磨矿试验的影响

磨矿浓度	产率			-0.044 mm 的比生产率 $q/(t/m^3 \cdot h)$
	+0.074 mm	-0.074+0.045 mm	-0.044 mm	
55%	80.03%	4.43%	15.54%	0.32
60%	80.07%	4.37%	15.55%	0.32
65%	79.21%	5.26%	15.47%	0.32
70%	79.40%	4.77%	15.83%	0.33
75%	79.23%	5.06%	15.70%	0.33
80%	79.34%	5.09%	15.57%	0.32

由表6.8和图6.19可知，球磨2 min时，磨矿浓度在55%～80%，磨矿浓度由55%增加到70%时，-0.044 mm粒级的含量由15.54%增加到15.83%；当磨矿浓度继续增大到80%时，-0.044 mm粒级含量降低至15.57%；球磨获得-0.044 mm粒级比生产率的关系相对来说变化不大，磨矿浓度由55%增加到70%时，-0.044 mm粒级的比生产率由0.32 t/(m³·h)仅增加到0.33 t/(m³·h)，磨矿浓度增加至75%时，-0.044 mm粒级的比生产率仍保持0.33 t/(m³·h)，继续增大到磨矿浓度为80%时，-0.044 mm粒级的比生产率又降低到0.32 t/(m³·h)。综合考虑-0.044 mm

的产率和比生产率，选取的磨矿浓度为70%，为较佳的磨矿浓度。

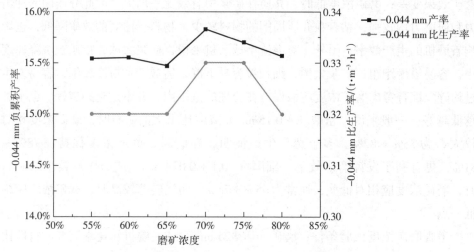

图6.19　磨矿浓度对磨矿试验的影响

6.2.2.3　−2 mm东鞍山铁矿石矿样实验室最佳球磨工艺试验

−2 mm东鞍山矿样磨矿试验条件：磨矿介质Φ25 mm钢球、磨机转速率75%、料球比0.6、介质充填率0.4、磨矿浓度为70%，其他条件与6.2.1节所述相同，球磨试验结果如图6.20所示。

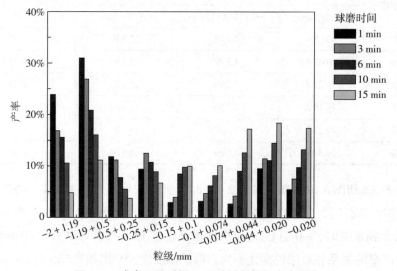

图6.20　球磨不同时间DAS试样各粒级产率分布

如图6.20所示，采用实验室球磨机对东鞍山原矿进行球磨机磨矿试验，结果表明，随着磨矿时间延长，粗粒级含量减少（例如，−2 + 1.19，−1.19 + 0.5，

−0.5 + 0.25 mm 三个粒级），细粒级含量增加，尤其 −0.074 粒级的含量增加较快，球磨 6，10，15 min 时，−0.074 + 0.044 mm 粒级的产率分别为 9.1%，12.71%，17.33%，−0.044 + 0.020 mm 粒级的产率分别为 11.19%，14.58%，18.46%，−0.020 mm 粒级的产率分别也高达 9.85%、13.38% 和 17.41%，泥化现象比较明显；然而，中间粒级（−0.15 + 0.1，−0.1 + 0.074 mm）在球磨过程中，其产率明显较低。球磨该矿样出现了"两头大，中间小"的粒级分布，即磨矿产品粗细分布不均现象显著。可以认为出现这种磨矿特性主要是由东鞍山铁矿本身的磨矿特性决定的，必须改变磨矿工艺条件，如磨矿设备的调整、采用异性磨矿介质及球磨工艺流程优化。

6.2.3　自然粒级分布的东鞍山矿样球磨模拟计算

在适宜的球磨工艺条件下，对任意球磨时间内，球磨 −2 mm 粒级东鞍山矿样进行数值模拟计算，并与试验结果对比，从而有效地验证本章试验获得的结果与理论推断东鞍山各粒级的磨矿特性参数（各粒级的破碎速率函数 S_i 和累积破碎分布函数 B_{ij}）是否正确。为了简便计算，x_i 取给窄粒级中最大粒级，如 x_1 的窄粒级为 −2 + 1.19 mm，则 $x_1 = 2$ mm，把 −2 mm 自然粒级的东鞍山铁矿石矿样分成 12 个粒级，即 $x_2 = 1.19$ mm，$x_3 = 0.5$ mm，$x_4 = 0.25$ mm，$x_5 = 0.15$ mm，$x_6 = 0.1$ mm，$x_7 = 0.074$ mm，$x_8 = 0.044$ mm，$x_9 = 0.04$ mm，$x_{10} = 0.03$ mm，$x_{11} = 0.02$ mm，$x_{12} = 0.01$ mm。球磨时间分别为 1，2，3，4，6，10，15 min。磨矿产品分别采用干湿联合筛析获得 +0.044 mm 粒级分布，采用激光粒度分析仪，测试分析 −0.04 mm 各粒级分布。根据 6.2.1 节获得 −2 mm 东鞍山铁矿石矿样的磨碎速率函数，而 −0.25 mm 为正常磨碎范围，因此可以获得破碎速率函数方程式

$$S_i = \begin{cases} 0.22 & x_i = x_1 \\ 0.19 & x_i = x_2 \\ 0.21 & x_i = x_3 \\ 0.473x_i^{0.828} & (0 \leqslant x_i \leqslant 0.25 \text{ mm}；i = 4，5，6，\cdots，12) \end{cases} \tag{6.6}$$

各粒级东鞍山铁矿石矿样的累积破碎分布函数 B_{ij} 值可以采用 B_{II} 法（预估–反算法）或根据 6.3.1 节采用经验公式法获得的 φ，γ 和 β 的参数值（见表 6.5）进行计算获得，其中，−0.25 mm 粒级的东鞍山铁矿石矿样的累积破碎分布函数在正常破碎范围内，因此，$B_{ij} = B_{i+1,\,j+1}$（$j \geqslant 4$）。因此，−2 mm 东鞍山铁矿石矿样的12 个粒级的累积破碎分布函数（采用 B_{II} 法获取）用以下矩阵表示：

$$B_{ij} = \begin{bmatrix} 1 & 0 & 0 & 0 & 0 & 0 & 0 & 0 & 0 & 0 & 0 & 0 \\ 1 & 1 & 0 & 0 & 0 & 0 & 0 & 0 & 0 & 0 & 0 & 0 \\ 0.258 & 1 & 1 & 0 & 0 & 0 & 0 & 0 & 0 & 0 & 0 & 0 \\ 0.173 & 0.521 & 1 & 1 & 0 & 0 & 0 & 0 & 0 & 0 & 0 & 0 \\ 0.118 & 0.293 & 0.318 & 1 & 1 & 0 & 0 & 0 & 0 & 0 & 0 & 0 \\ 0.076 & 0.184 & 0.162 & 0.345 & 1 & 1 & 0 & 0 & 0 & 0 & 0 & 0 \\ 0.064 & 0.155 & 0.129 & 0.263 & 0.345 & 1 & 1 & 0 & 0 & 0 & 0 & 0 \\ 0.045 & 0.108 & 0.082 & 0.174 & 0.263 & 0.345 & 1 & 1 & 0 & 0 & 0 & 0 \\ 0.041 & 0.098 & 0.073 & 0.158 & 0.174 & 0.263 & 0.345 & 1 & 1 & 0 & 0 & 0 \\ 0.034 & 0.081 & 0.057 & 0.128 & 0.158 & 0.174 & 0.263 & 0.345 & 1 & 1 & 0 & 0 \\ 0.025 & 0.601 & 0.040 & 0.093 & 0.128 & 0.158 & 0.174 & 0.263 & 0.345 & 1 & 1 & 0 \\ 0.015 & 0.036 & 0.021 & 0.058 & 0.093 & 0.128 & 0.158 & 0.174 & 0.263 & 0.345 & 1 & 1 \end{bmatrix}$$

$$(i = 1,2,3,\cdots,12;\ j = 1,2,3,\cdots,12;\ i \geqslant j) \qquad (6.7)$$

可以看出，式（6.7）中累积分布函数 B_{ij} 为一个 12×12 下三角矩阵。通过磨矿总体平衡动力学数学模型的模拟计算来考查球磨自然分布粒级（-2 mm）东鞍山铁矿石矿样的这些破裂参数是否成立。在假定上述各破裂参数计算公式成立的前提下，将破碎速率函数式（6.6）和累积破碎分布函数的矩阵 B_{ij} ［见式（6.7）］，代入式（2.3）进行模拟计算（采用MATLAB软件计算）。图6.21给出了模拟计算结果和试验结果的拟合结果。

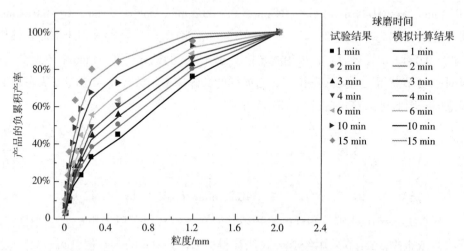

图6.21　球磨-2 mm粒级DAS试样试验结果与模拟计算结果对比

由图6.21可知，通过零阶产出特性，获得-2 mm各粒级的破碎速率函数，通过预估-反算法获得各粒级大的累积破碎分布函数，并假设-0.25 mm的粒级都在正常的磨矿范围，即认为 $B_{ij} = B_{i+1,\,j+1}$（$j \geqslant 4$），采用总体平衡磨矿动力学模型，获得不同磨矿时间的模拟计算结果。磨矿时间由 1 min 增加到 6 min，可以发现，模拟计算结果与球磨试验获得数据相比，最大误差不超过 3%，说明前述计算获得的东鞍山铁矿石试样破碎参数是正确的，可以认为该数学模型能对任意时刻，球磨自然粒级分布的东鞍山铁矿石试样（−2 mm）获得的磨矿产品粒度分布进行理论分析计算。

随着磨矿时间的增加，当磨矿时间为 10，15 min 时，各粒级混合矿的负累积产率也增加，此时，模拟计算结果与试验球磨获得数据相比，模拟计算结果有较为明显的失真，模拟计算获得的粗粒级−1.19 mm 的累积产率明显高于试验所得结果。当球磨时间为 10，15 min 时，模拟计算获得的粗粒级−1.19 mm 的累积产率分别为 96.95% 和 98.55%，而实际球磨试验获得的结果分别为 91.42% 和 95.21%，最大误差超过 5%；在−0.25 + 0.044 mm 粒级中，模拟计算获得的各粒级负累积产率低于试验结果，球磨 15 min 时，模拟计算获得−0.25，−0.15，−0.1，−0.074，−0.044 mm 各粒级的累积产率分别为 74.33%，60.41%，46.73%，40.46%，30.94%，而实际球磨试验获得的结果分别为 80.26%，73.42%，63.38%，53.2%，35.87%，最大偏差超过 10%。造成计算结果失真的主要原因是：当磨矿时间超过 10 min 时，粗粒级矿物（+0.5 mm）含量减少，尤其 + 1.19 mm 粒级的矿物破碎在 75% 以上，剩余少量的粗粒级矿物不能被球介质有效地破碎，造成粗粒级的破碎速率降低，出现了非线性破碎行为，不符合一阶磨矿动力学方程，因此，模拟计算结果出现失真现象。

6.3　本章小结

本章采用总体平衡动力学模型对四个单粒级（−2 + 1.19，−1.19 + 0.5，−0.5 + 0.25，−0.25 + 0.15 mm）的东鞍山铁矿石和自然粒级分布的东鞍山铁矿石进行模拟计算，主要得出以下结论。

① 采用两种球磨机对四个单粒级东鞍山铁矿石分别进行磨矿试验，结果发现它们都符合一阶磨矿动力学方程。在该磨矿条件下，东鞍山铁矿石给料粒级为−0.5 + 0.25 mm 时，两种球磨机的破碎速率函数 S_i 都取得最大值，东鞍山铁矿石矿样正常磨矿粒级范围小于−0.5 mm；在较短的磨矿时间内，球磨−0.5 + 0.25 mm 粒级东鞍山铁矿石矿样，细粒级的产出都具有明显的零阶产出特征。

② 利用 B_{II} 法确定−0.5 + 0.25 mm 粒级东鞍山铁矿石矿样的累积破碎分布函数 B_{ij}，试验结果发现，相同粒级的东鞍山铁矿石矿样与人工（四元）混合矿球磨破

碎后的累积破碎分布函数B_{ij}相同，两种球磨机获得的累积破碎分布函数B_{i1}也完全一样，使用经验公式法获得了东鞍山铁矿石矿样B_{ij}的参数φ，γ，β的值；采用总体平衡磨矿动力学模型，模拟计算结果与球磨试验结果一致，最大误差不超过5%，模拟计算结果与球磨试验数据基本一致。

③ 利用$\Phi150\ mm \times 100\ mm$球磨机，通过采用四种不同球径的磨矿介质分别对四种不同单粒级东鞍山铁矿石矿样进行分批湿式磨矿试验。结果表明：介质直径为$\Phi25\ mm$时，是最佳球磨的磨矿介质直径，四个单粒级$-2 + 1.19$，$-1.19 + 0.5$，$-0.5 + 0.25$，$-0.25 + 0.15\ mm$东鞍山铁矿石矿样的破碎速率函数分别为0.22，0.19，0.21，$0.15\ min^{-1}$，且$-0.5\ mm$粒级以下的东鞍山铁矿石矿样为正常磨碎范围。介质直径为$\Phi25\ mm$时，在较短的磨矿时间内，细粒级都具有显著的细粒级零阶产出特征，零阶产出特征常数$\alpha = 0.8433$。

④ 利用$\Phi150\ mm \times 100\ mm$实验室球磨机，对$-2\ mm$自然粒级分布的东鞍山矿样进行磨矿工艺条件优化试验，综合考虑料球比、磨矿浓度、比生产率及单位能耗生产率等，获得适宜的磨矿试验条件为：介质直径为$\Phi25\ mm$钢球、磨机转速率为75%、料球比为0.6、介质充填率为0.4、磨矿浓度为70%；通过磨矿总体平衡动力学数学模型的模拟计算来考查球磨自然分布粒级（$-2\ mm$）东鞍山铁矿石矿样的各粒级分布，可以发现，在合适的磨矿时间范围内，该动力学方程能合理地模拟计算和预测球磨自然粒级分布的东鞍山铁矿石矿样各粒级产品的分布规律。

第7章 结 论

    本书根据东鞍山铁矿石的工艺矿物学特性，以石英、赤铁矿、菱铁矿和绿泥石四种单矿物为主要研究对象，利用总体平衡磨矿动力学方程（PBM），采用实验室小型球磨机研究了四种单矿物的磨矿特性和粒度分布特点，以及他们的二元混合矿、三元混合矿和人工（四元）混合矿的磨矿动力学特性，基于溶液化学和DLVO理论分析了混合矿在磨矿过程中各单矿物破碎特性改变的本质及规律，揭示东鞍山铁矿石的破碎特性、主要矿物磨矿产品的粒度分布特点及主要矿物的相互作用机理。最后，对东鞍山铁矿石的磨矿特性进行研究。本书得出以下主要结论。

    ① 对四种窄粒级（$-2+1.19$，$-1.19+0.5$，$-0.5+0.25$，$-0.25+0.15$ mm）单矿物石英、赤铁矿、绿泥石和菱铁矿分别进行分批湿式球磨试验，结果发现它们都符合一阶磨矿动力学方程，获得四种单矿物不同粒级的破碎速率函数 S_i；同时，分别球磨 $-0.5+0.25$ mm 粒级的石英、赤铁矿、绿泥石和菱铁矿，在较短的磨矿时间内，四种单矿物都具有明显的零阶产出特征；采用 G-H 算法和 B_{II} 算法获得四种单矿物的累积破碎分布函数 B_{ij}，并使用经验公式法对四种单矿物的累积破碎分布函数 B_{ij} 进行拟合，分别获得四种单矿物 B_{ij} 的参数 φ，γ 和 β 的值；通过磨矿总体平衡动力学数学模型，对 $-0.5+0.25$ mm 粒级的四种单矿物进行模拟计算，也获得比较满意的模拟计算结果。

    ② 通过对粒级为 $-0.5+0.25$ mm 的不同体积比例的两相体系混合矿、三相体系混合矿及人工（四元）混合矿（四相体系）分别进行分批湿式球磨试验。所有混合矿的磨矿行为都遵循一阶磨矿动力学模型，通过获得混合矿中各单矿物磨矿特性参数，建立混合矿的磨矿总体平衡动力学模型，并对混合矿的磨矿产品进行模拟计算，模拟计算与试验结果一致，最大误差不超过3%。

    ③ 球磨石英-绿泥石混合矿时，石英的破碎速率函数 S_i 随体积的增加而减

小，而绿泥石的破碎速率函数 S_i 随体积含量的增加而增加，绿泥石的存在与否，对石英的累积破碎速率函数 B_{i1} 没有影响，而石英的存在，降低了绿泥石的累积破碎速率函数 B_{i1}；球磨石英–菱铁矿混合矿时，菱铁矿的存在降低了石英的破碎速率函数 S_i，而菱铁矿的破碎速率函数 S_i 不受石英存在影响，石英和菱铁矿的累积破碎分布函数 B_{i1} 球磨过程中没有变化；球磨石英–赤铁矿混合矿时，石英和赤铁矿的破碎速率函数 S_i 不变，随着石英体积含量的减少，石英的累积分布函数值 B_{i1} 逐渐增高，而赤铁矿的累积分布函数 B_{i1} 随着它的体积含量的增加而减小；球磨赤铁矿–绿泥石混合矿时，赤铁矿的破碎速率函数 S_i 和累积破碎分布函数 B_{i1} 保持不变，而赤铁矿的存在导致绿泥石破碎速率函数 S_i 和累积破碎分布函数 B_{i1} 明显降低；球磨赤铁矿–菱铁矿混合矿时，赤铁矿和菱铁矿的破碎速率函数 S_i 都没有变化；菱铁矿的存在导致赤铁矿的累积破碎分布函数 B_{i1} 略有增加，而菱铁矿的累积破碎分布函数 B_{i1} 不变。

④球磨石英–赤铁矿–绿泥石混合矿时，各矿物与单独球磨相比，混合矿中石英和赤铁矿破碎速率函数 S_i 不变，绿泥石的破碎速率函数 S_i 值明显减小，石英的累积破碎分布函数 B_{i1} 没有改变，赤铁矿累积破碎分布函数 B_{i1} 有所减小，绿泥石的累积破碎分布函数 B_{i1} 明显降低，石英和赤铁矿的存在，阻碍了绿泥石的磨碎行为；球磨石英–赤铁矿–菱铁矿混合矿时，各矿物与单独球磨相比，混合矿中石英和菱铁矿的破碎速率函数 S_i 增加，而赤铁矿的破碎速率函数 S_i 降低；石英、赤铁矿、菱铁矿的累积破碎分布函数 B_{i1} 都没有变化，石英和赤铁矿的存在，提高了菱铁矿的磨碎行为；球磨人工（四元）混合矿时，与各矿物单独球磨相比，石英的破碎速率函数 S_i 值增加，赤铁矿破碎速率函数 S_i 值略有减小，绿泥石破碎速率函数 S_i 值明显降低，菱铁矿的破碎速率函数 S_i 值不变，同时，石英的累积破碎分布函数 B_{i1} 不变，赤铁矿和绿泥石的累积破碎分布函数 B_{i1} 有所降低，而菱铁矿的累积破碎分布函数 B_{i1} 明显升高。

⑤通过对主要矿物石英、赤铁矿、菱铁矿和绿泥石表面的 Zeta 电位测试，溶液中难免金属阳离子（Ca^{2+} 和 Fe^{3+}）的溶液化学计算，并采用经典的 DLVO 理论探讨了在磨矿过程中矿物之间的相互作用机理分析，计算结果表明：溶液中性条件下，微细粒菱铁矿与粗颗粒石英和赤铁矿的相互作用能 V_D 都小于零，导致微细粒菱铁矿容易吸附罩盖在粗颗粒石英表面，微细粒菱铁矿与赤铁矿颗粒间也发生吸附罩盖和团聚现象；金属阳离子 Ca^{2+} 和 Fe^{3+} 的存在降低了微细粒菱铁矿与石英的相互作用引力，但阳离子 Ca^{2+} 和 Fe^{3+} 的存在，加强了微细粒菱铁矿与赤铁矿的相互作用引力。微细粒绿泥石与粗颗粒石英和赤铁矿相互作用时，微细粒绿泥

石与粗颗粒石英和微细粒菱铁矿与赤铁矿都表现为斥力；金属 Ca^{2+} 和 Fe^{3+} 的存在，仍不能使微细粒绿泥石吸附罩盖在粗粒石英表面；而金属 Ca^{2+} 的存在导致微细粒绿泥石与赤铁矿容易发生吸附罩盖或团聚现象，但 Fe^{3+} 存在，微细粒绿泥石与赤铁矿仍不易发生吸附罩盖或团聚现象。

⑥ 在球磨过程中，根据微细粒菱铁矿和绿泥石分别与石英和赤铁矿的相互作用能计算，提出了两种破碎机制。第一种是两种矿物颗粒不容易发生相互吸附或团聚行为（例如石英–绿泥石、赤铁矿–绿泥石），硬度相对较高的矿物（高硬度矿物）对硬度相对较低的矿物（低硬度矿物）产生屏蔽作用，阻止低硬度矿物被进一步破碎，使低硬度矿物的磨碎速率函数降低，或使破碎分布函数升高。相反，另一种是两种矿物颗粒很容易发生相互吸附或团聚行为（例如石英–菱铁矿、赤铁矿–菱铁矿），矿物之间相互吸附团聚时，高硬度矿物的存在并不能对低硬度矿物的磨碎产生屏蔽作用，反而加快了低硬度矿物的磨碎行为，提高了低硬度矿物的破碎速率函数，或减小了低硬度矿物的破碎分布函数。

⑦ 通过对二元混合矿、三元混合矿磨矿和人工（四元）混合矿进行分批湿式球磨试验研究（第4章），以及东鞍山铁矿石中主要矿物的相互作用机理研究（第5章），试验研究和机理研究的结果揭示了：在实际生产中，随着东鞍山铁矿石中碳酸铁含量的增加，磨矿产品出现粒度分布不均、可选粒级范围内铁矿物单体解离较低、微细粒铁矿物含量高等问题的根本原因。

⑧ 对四个单粒级（$-2+1.19$，$-1.19+0.5$，$-0.5+0.25$，$-0.25+0.15$ mm）东鞍山铁矿石和自然粒级分布（-2 mm）的东鞍山铁矿石分别进行分批湿式球磨试验研究，获得了各粒级东鞍山铁矿石和自然粒级分布东鞍山铁矿石磨矿破碎特性（磨矿破碎速率函数 S_i 和累积破碎速率函数 B_{i1}）；对 -2 mm 自然粒级分布的东鞍山矿样进行磨矿工艺条件优化试验，获得适宜的球磨试验条件，在该适宜的球磨条件下，通过磨矿总体平衡动力学数学模型（PBM）模拟计算球磨自然分布粒级（-2 mm）东鞍山铁矿石矿样的各粒级分布，计算结果表明，在合适的磨矿时间范围内，该动力学方程能合理地模拟计算和预测球磨自然粒级分布的东鞍山铁矿石矿样各粒级产品的分布规律。

参考文献

[1] 杨斌.菱铁矿与赤铁矿分选工艺及机理研究[D].长沙:中南大学,2010.

[2] 王昆,戴惠新.菱铁矿选矿现状[J].矿产综合利用,2012(1):6-9.

[3] 刘明宝,印万忠,韩跃新.菱铁矿选矿研究状况及其应用[J].中国非金属矿工业导报,2007(增刊):14-15.

[4] 罗立群.菱铁矿的选矿开发研究与发展前景[J].金属矿山,2006(1):68-72.

[5] 蒋有义,杨永革.东鞍山难选矿石工艺矿物学研究[J].金属矿山,2006(7):40-43.

[6] 陈国荣.东鞍山赤铁矿技术研究[D].沈阳:东北大学,2008.

[7] 《现代铁矿石选矿》编委会.现代铁矿石选矿[M].合肥:中国科学技术大学出版社,2009.

[8] 张明,刘明宝,印万忠,等.东鞍山含碳酸盐难选铁矿石分步浮选工艺研究[J].金属矿山,2007(9):62-64.

[9] 陈炳辰.磨矿原理[M].北京:冶金工业出版社,1989.

[10] 塔加尔特.选矿手册:第二卷:第二分册[M].北京:冶金工业出版社,1959.

[11] 段希祥.选择性磨矿及其应用[M].北京:冶金工业出版社,1991.

[12] 梁冰.微细粒赤铁矿磨矿工艺优化研究[D].唐山:河北联合大学,2013.

[13] 李启衡.碎矿与磨矿[M].北京:冶金工业出版社,1980.

[14] 赵敏,卢亚平,潘英民.粉碎理论与破碎设备发展评述[J].矿冶,2001,10(2):36-41.

[15] 杨采文,毛莹博,邓久帅,等.矿山磨矿设备的应用及研究进展[J].现代矿业,2015(7):190-192.

[16] 肖庆飞,康怀斌,肖珲,等.碎磨技术的研究进展及其应用[J].铜业工程,2016(1):15-27.

［17］ 周恩浦.矿山机械:选矿机械部分[M].北京:冶金工业出版社,1979.

［18］ 刘琨.金属矿磨矿设备研究与应用新进展[J].中国资源综合利用,2014(3): 40-42.

［19］ 王琴,祖大磊,张广伟,等.矿山碎磨设备节能降耗现状及发展趋势[J].现代 矿业,2016(5):223-225.

［20］ ROWE W B. Grinding process control[J]. Principles of modern grinding technology:second edition,2014,21(6):221-240.

［21］ 肖庆飞,罗春梅,石贵明,等.多碎少磨的理论依据及应用实践[J].矿山机 械,2009(21):51-53.

［22］ 武汉建筑材料工业学院.水泥生产机械设备[M].北京:中国建筑工业出版 社,1981.

［23］ MISHRA B K , HEILMAM P. Simulation of charge motion in ball mills[J]. Part1: experimental verifications, international journal of mineral processing, 2009(2):14-16.

［24］ WALQUL H,BUENDFA A. A new 6.4 m diameter by 10.2 m long ball mill at toquepal a concentrator[J]. 2003 SME annual meeting,2003(5):24-26.

［25］ RAJAMAI R K. Microbes and industrial processes [M]. New York : Springer-Verlig Berlin Heidelberg,2007.

［26］ WINTER K. New mill design for large grinding mill[C]. 27th Annual Meeting of Canadian Mineral Process,1995:1128-1130.

［27］ RAMSEY T L. Reducing grinding costs[J]. World mining,2007(4):113-117.

［28］ 李文亮,杨涛,于向军,等.国外大型球磨机发展现状[J].矿山机械,2007 (1):13-16.

［29］ 翟铁.大型球磨机的研制与开发[J].中国矿山工程,2008(1):31-34.

［30］ ZOU J P. Innovating the grinding technique to improve the product quality [J]. Mining & processing equipment,2007(1):59-61.

［31］ 安德烈耶夫.有用矿物的破碎磨矿及筛分[M].北京:中国工业出版社, 1963.

［32］ IWASAKI I,MOOREAND J J,LINDEKE L A. Effect of ball mill size on media wear[J]. Minerals and metallurgical processing,1987,8:160-166.

［33］ HARRIS C C, ARBITER N. Grinding mill operation and scale up:theory and equations[J]. Mineral processing technology review,1985,1:249-265.

［34］ BLICKENSDERFER R，TYLEZAK J H. Evaluation of commercial US grinding ball by laboratory impact and abrasion tests［J］. Minerals and metallurgical processing，1989，3：60-68.

［35］ 刘莲香，陈炳辰. 磨矿过程的线性叠加原理及应用［J］. 东北工学院学报，1989，10（2）：216-219.

［36］ 陈炳辰. 物料粉碎与粒度分离的进展［J］. 化工矿山技术，1989（1）：42-46.

［37］ 段希祥. 球磨机钢球尺寸的理论计算研究［J］. 中国科学：A 辑：数学 物理学 天文学 技术科学），1989（8）：856-863.

［38］ 段希祥. 球径半理论公式的修正研究［J］. 中国科学：E 辑：技术科学，1997（6）：510-515.

［39］ DUAN X X. The research to raise efficiency of fine grinding［C］//Proceedings of the First International Conference Hydrometalhagy（ICHM'88），1988：362-366.

［40］ PEREY J J. Interaction of corrosion and abrasion grinding media wear［C］. 113th AIME Annual Meeting，Los Angeles，1984.

［41］ 于福家，韩跃新. 磨机细磨介质优化研究［J］. 金属矿山，1997，3：30-32.

［42］ 苏惠明. 磨机介质形状初探［J］. 有色金属，1991（6）：33-35.

［43］ 段希祥. 新型细磨介质应用研究［J］. 昆明理工大学学报，1998（6）：11-15.

［44］ UMINO M，SERA T，KONDO K，et al. Effect of silicon content on tempered hardness，high temperature strength and toughness of hot working tool steels［J］. Journal of the iron and steel institute of Japan，2003，89（6）：673-679.

［45］ TANEIKE M，SAWADA K，ABE F. Effect of arbon concentration on precipitation behavior of M23C6 carbides and MX carbonitrides in martensitic 9Cr steel during heat treatment［J］. Metallurgical and materials transactions A，2004，35A（4）：1255-1262.

［46］ LI Y，WILSON J A，CROWTHER D N，et al. The effects of vanadium，niobium，titanium and zirconium on the MICROSTRUCTURE AND MECHANICAL PROPERTIES of thin slab cast steels［J］. ISIJ international，2004，44（6）：1093-1102.

［47］ GUAM Q F，JIANG Q C，FANG J R，et al. Microstructures and thermal fatigue behavior of Cr-Ni-Mo hot work die steel modified by rare earth［J］. ISIJ international，2003，43（5）：784-789.

［48］ IWAMOTO T，HOSHINO T，MATSUZAKI A，et al. Effects of boron and nitrogen on graphitization and hardenability in 0.53% C Steels [J]. ISIJ international, 2002,42(S):77-81.

[49] 朱军,杨军.大型球磨机衬板材料的研究和应用[J].铸造技术,2005(12): 1119-1121.

[50] PAN Y C, YANG H, LIU X F, et al. Effect of K/Na on microstructure of high speed steel used for rolls[J]. Materials letters,2004,58(12/13):1912-1916.

[51] 李剑林.磁性衬板在磨矿生产中的应用[C]//第五届全国粉体工程学术会议论文集,1998:87-89.

[52] 张家胜,王敏.磁性衬板在球磨机中的应用[J].矿业工程,2005(4):31-32.

[53] 陈淑英,梁冰利,商海燕,等.磁性衬板的试制与应用[J].中国铝业,2004 (4):39-41.

[54] 方丽芬,王成梁,金成宽.磁性衬板研制及工业应用[J].金属矿山,1997(1): 28-30.

[55] 苏兴强,周鲁生,段其福.金属磁性衬板应用进展[J].金属矿山,2006(3):14-17.

[56] DONG H,MOYS M H. Measurement of impact behavior between balls and walls in grinding mills[J]. Minerals engineering,2003,16:543-550.

[57] 张小平,王阳冬,陈海辉.矿山用橡胶制品现状及发展[J].中国橡胶,2001, 17(12):3-9.

[58] MOLLER J. The best of two worlds:a new concept in primary grinding wear protection[J]. Minerals engineering,1990,3(1/2):221-226.

[59] 赵昱东.磨矿机筒体衬板的开发与应用[J].有色设备,2001(5):5-8.

[60] 孙军峰.衬板机构对球磨机磨矿效率的影响研究[D].昆明:昆明理工大学, 2010.

[61] DJORDJEVIC N. Discrete element modeling of the influence of lifters on power draw of tumbling mills[J]. Minerals engineering,2003(16):331-336.

[62] DJORDJEVIC N,SHI F N,MORRION R. Determination of lifter design,speed and filling effects in AG mills by 3D DEM [J]. Minerals engineering,2004(17): 1135-1142.

[63] RADZISZEWSKI P. Comparing three DEM charge motion models [J]. Minerals engineering,1999(12):1501-1520.

[64] MCLVOR R E. Effects of speed and linear configuration on ball mill performance

[J]. Minerals engineering,1983(6):617-622.

[65] POWELL M S. The effect of linear design on the motion of the outer grinding elements in a rotary mill [J]. Minerals engineering,1991(31):163-193.

[66] POWELL M S,NURICK G N. A study of charge motion in rotary mills part1-extension of the theory[J]. Minerals engineering,1996(9):259-268.

[67] POWELL M S,NURICK G N. A study of charge motion in rotary mills part2-experiment work[J]. Minerals engineering,1996(9):343-350.

[68] 田秋娟,郝万军,邓立营,等.衬板的设计参数对球磨机磨矿效果的影响[J].矿山机械,2010,38(9):73-75.

[69] 姚一民.球磨机磨球运动学分析及对衬板影响的研究[D].武汉:武汉理工大学,2010.

[70] CUNDALL P A,STRACK O D L. The distinct numerical model for granular assemblies [J]. Geotechnique,1979,29:47-65.

[71] MISHRA B K. Study of media mechanics in tumbling mills by the discrete element method [D]. Salt Lake City:University of Utah,1991.

[72] MISHRA B K,RAJAMANI R K. Simulation of charge motion in ball mills:numerical simulation [J]. International journal of mineral processing, 1994, 40(4):171-197.

[73] RAJAMANI R K,MISHRA B K. Millsoft-simulation software for tumbling-mill design and trouble shooting[J]. Mining engineering,1999,51(12):41-47.

[74] VENUGOPAL R,RAJAMANI R K. 3D simulation of charge motion in tumbling mills by the discrete element method[J]. Powder technology,2001,115(2):157-166.

[75] MCBRIDE A,GOVENDER I. Contributions to the experimental validation of the discrete element method applied to tumbling mills [J]. Engineering computations,2004,21(2):119-136.

[76] CLEARY P W. Predicting charge motion power draw segregation and wear in ball mills using discrete element methods[J]. Minerals engineering, 1998, 11(11):1061- 1080.

[77] CLEARY P W. Charge behavior and power consumption in ball mills:sensitivity to mill operating conditions,linear geometry and charge composition[J]. Miner process,2001,63(8):79-114.

［78］ DJORDJEVIC N. Influence of charge size distribution on net-power draw of tumbling mill based on DEM modeling［J］. Minerals engineering,2005,18:75-378.

［79］ 畅晓亮. 球磨实验机磨矿的离散元数值仿真分析［D］. 昆明:昆明理工大学,2012.

［80］ HERBST J A,FUERSTENAU D W. Mathematical simulation of dry ball milling using specific power information［J］. Trans. AIME,1973,254:343-348.

［81］ HERBST J A,FUERSTENAU D W. Scale-up procedure for continuous grinding mill design using PBM［J］. International journal of mineral processing,1980,7:1-31.

［82］ AUSTIN L G,LUCKIE P T. Methods for determination of breakage distribution parameters［J］. Powder technology,1972,5(4):215-222.

［83］ AUSTIN L G,KLIMPEL R R,LUCKIE P T. Process engineering of size reduction: ball milling［C］. New York: Society of Mining Engineers of the AIME,1984.

［84］ AUSTIN L G,BAGGA P. An analysis of fine dry grinding in ball mills［J］. Powder technology,1981,28:83-90.

［85］ KAPUR P C,FUERSTENAU D W. Energy split in multi-component grinding［J］. International journal of mineral processing,1988,24:125-142.

［86］ KOTAKE N,SUZUKI K,ASAHI S,et al. Experimental study on the grinding rate constant of solid materials in a ball mill［J］. Powder technology,2002,122:101-108.

［87］ DATTA A,RAJAMANI R K. A direct approach of modeling batch grinding in ball mills using population balance principles and impact energy distribution［J］. International journal of mineral processing,2002,64:181-200.

［88］ OZKAN A,YEKELER M,CALKAYA M. Kinetics of fine wet grinding of zeolite in a steel ball mill in comparison to dry grinding［J］. International journal of mineral processing,2009,90:67-73.

［89］ VENKATARAMAN K S,FUERSTENAU D W. Application of the population balance model to the grinding of mixs of minerals［J］. Powder technology,1984,39:133-142.

［90］ FUERSTENAU D W,VENKATARAMAN K S,WILLIAM M. Simulation of closed-circuit mill by locked-cycle grinding of mixtures［C］. Control of Mineral/

Metallurgical Processing. AIME:New York,1984:49-53.

[91] KANDA Y,MURATA H,HONMA T. Grinding of mixtures of coal and iron ore in order to prepare material for coal liquefaction[J]. Powder technology,1989, 58:175-180.

[92] CHO H,LUCKIE P T. Investigation of the breakage properties of components in mixs ground in a batch ball-and-race mill[J]. Fuel and energy abstracts,1995, 36(3):174.

[93] BOUDRICHE L,CHAMAYOU A,CALVET R,et al. Influence of different dry milling processes on the properties of an attapulgite clay, contribution of inverse gas chromatography[J]. Powder technology,2014,254:352-363.

[94] WOODBURN E T, KALLIGERIS-SKENTZOS A. The investigation of the kinetics of breakage as a first step towards the assessment of the economics of ultra-fine grinding of a British low-rank coal[J]. Powder technology, 1987,53:137-143.

[95] FUERSTENAU D W,ABOUZEID A Z M,PHATAK P B. Effect of particulate environment on the kinetics and energetics of dry ball milling [J]. International journal of mineral processing,2010,97(1/4):52-58.

[96] FUERSTENAU D W,PHATAK P B,KAPUR P C,et al. Simulation of the grinding of coarse/fine(heterogeneous) systems in a ball mill [J]. International journal of mineral processing,2011,99:32-38.

[97] SAND G W,SUBASINGHE G K N. A novel approach to evaluating breakage parameters and modelling batch grinding [J]. Minerals engineering,2004,17:1111-1116.

[98] AUSTIN L G,JULIANELLI K,SOUZA A S,et al. Simulation of wet ball milling of iron ore at Carajas, Brazil[J]. International journal of mineral processing, 2007,84:157-171.

[99] COELLO VELÁZQUEZ A L,MENÉNDEZ-AGUADO J M,BROWN R L. Grindability of lateritic nickel ores in Cuba[J]. Powder technology, 2008, 182: 113-115.

[100] CHIMWANI N, GLASSER D, HILDEBRANDT D, et al. Determination of the milling parameters of a platinum group minerals ore to optimize product size distribution for flotation purposes[J]. Minerals engineering,2013,44:67-78.

[101] DANHA G, HILDEBRANDT D, GLASSER D, et al. Application of basic pro-

cess modeling in investigating the breakage behavior of UG2 ore in wet milling [J]. Powder technology, 2015, 279:42-48.

[102] 马驰,卞孝东,王守敬. 工艺矿物学研究在复杂矿中的应用[C]. 全国生产矿山提高资源保障与利用及深部找矿成果交流会,曲靖,2013.

[103] PETIT-DOMINGUEZ M D, RUCANDIO M I, GALAN-SAULNIER A. Usefulness of geological, mineralogical, chemical and chemometric analytical techniques in exploitation and profitability studies of iron mines and their associated elements[J]. Journal of geochemical exploration, 2008, 98(3):116-128.

[104] 袁威,杨毅,金自钦,等. 工艺矿物学研究工作回顾与展望[J]. 云南冶金, 2013(5):1-4.

[105] EPSTEIN B. The mathematical description of certain breakage mechanisms leading to the logarithmico-normal distribution[J]. Journal of the franklin institute, 1947, 244(6):471-477.

[106] EPSTEIN B. Logaritllmico-normal distribution in breakage of solids[J]. Industrial and engineering chemistry, 1948, 40(12):2289-2291.

[107] BROADBENT S R, CALLTT T G. A matrix analysis of processes involving particle assemblies[J]. Philosophical transactions of the royal society A, 1956, 249 (960):99-123.

[108] PRASHER C L. Crushing and grinding process handbook [M]. Chichester: John Wiley & Sons, 1987.

[109] RANDOLPH A D, LARSON M A. Theory of particulate processes[M]. San Diego: Academic Press, 1988.

[110] RAMKRISHNA D. Population balances-theory and applications to particulate systems in engineering[M]. San Diego: Academic Press, 2000.

[111] VERKOEIJEN D, POUW G A, MEESTERS G M H, et al. Population balances for particulate processes: a volume approach[J]. Chemical engineering science, 2002, 57(12):2287-2303.

[112] MELOY T P, WILLIAMS M C. Problems in population balance modeling of wet grinding[J]. Powder technology, 1992, 71(3):273-279.

[113] AUSTIN L G. A review: introduction to the mathematical description of grinding as a rate process [J]. Powder technology, 1971, 5(1):1-17.

[114] WILLIAMS M C, MELOY T P, TARSHAN M. Assessment of numerical solu-

tion approaches to the inverse problem for grinding systems: dynamic population balance model problems[J]. Powder technology, 1994, 78(3): 257-261.

[115] HOUNSLOW M J. The population balance as a tool for understanding particle rate processes[J]. Kona powder & particle journal, 1998, 16: 179-193.

[116] VARINOT C, HILTGUN S, PONS M N, et al. Identification of the fragmentation mechanisms in wet-phase fine grinding in a stirred bead mill[J]. Chemical engineering science, 1997, 52(20): 3605-3612.

[117] BILGILI E, HAMEY R, SCARLETT B. Production of pigment nanoparticles using a wet stirred mill with polymeric media[J]. China particuology, 2004, 2(3): 93-100.

[118] BILGILI E, YEPES J, SCARLETT B. Formulation of a non-linear framework for population balance modeling of batch grinding: beyond first-order kinetics[J]. Chemical engineering science, 2006, 61(1): 33-44.

[119] GAUDIN A M, MELOY T P. Model and a comminution distribution equation for single fracture[J]. Trans. AIME, 1962, 223(1): 40-43.

[120] REID K J. A solution to the batch grinding equation[J]. Chemical engineering science, 1965, 20(11): 953-963.

[121] AUSTIN L G. A discussion of equations for the analysis of batch grinding data [J]. Powder technology, 1999, 106(1/2): 71-77.

[122] AUSTIN L G, LUCKIE P T. Note on influence of interval size on the first-order hypothesis of grinding [J]. Powder technology, 1971, 4(2): 109-110.

[123] BILGILI E, SCARLETT B. Estimation of the selection and breakage parameters from batch grinding: a novel full numerical scheme [C] // Proceedings of the AICHE annual meeting, paper no: 30d(on CD-ROM), San Francisco, 2003.

[124] HERBST J A, MIKA T A. Mathematical simulation of tumbling mill grinding: an improved method[J]. Rudy, 1970, 18: 70-75.

[125] KAPUR P C. Modelling of tumbling mill batch processes[M]// PRASHER C L. Crushing and Grinding Process Handbook. Chichester: John Wiley & Sons, 1987.

[126] KAPUR P C, AGARWAL P K. Approximate solutions to the discretized batch grinding equation[J]. Chemical engineering science, 1970, 25(6): 1111-1113.

[127] 刘开忠,翁伟雄,周忠尚.某些物料的碎裂特性及其碎裂参数的估计[J].矿

冶工程,1988,8(3):42-46.

[128] 田金星. 混合矿料中石墨组分的碎裂特性及参数估计[J]. 中国有色金属学报,2014,24(10):2582-2596.

[129] TANGSATHITKULCHAI C. Acceleration of particle breakage rates in wet batch ball milling [J]. Powder technology,2002,124(1):67-75.

[130] YEKELER M,OZKAN A,AUSTIN L G. Kinetics of fine wet grinding in a laboratory ball mill [J]. Powder technology,2001,114(1/3):224-228.

[131] KING R P,CROSS M. Modeling and simulation of mineral processing systems [J]. ARCHIVE proceedings of the institution of mechanical engineers part E: journal of process mechanical engineering,2003,217(1):77-78.

[132] 刘开忠,翁伟雄,周忠尚. 混合矿料及其组分的磨矿动力学行为[J]. 中国矿业,1995,4(3):63-67.

[133] VENKATARAMAN K S,FUERSTENAU D W. Application of the population balance model to the grinding of mixtures of minerals[J]. Powder technology,1984,39(1):133-142.

[134] KAPUR P C. An improved method for estimating the feed-size breakage distribution functions [J]. Powder technology,1982,33(2):269-275.

[135] PURKER P,AGRAWAL R,KAPUR P C. A G-H scheme for back-calculation of breakage rate functions from batch grinding data [J]. Powder technology,1986,45(3):281-286.

[136] VERMA R,RAJAMANI R K. Environment-dependent breakage rates in ball milling [J]. Powder technology,1995,84(2):127-137.

[137] HOSTEN C,AVSAR C. Variation of back-calculated breakage rate parameters in bond-mill grinding[J]. Scandinavian journal of metallurgy,2004,33(5):286-293.

[138] DODDS J,FRANCES C,GUIGON P,et al. Investigations into fine grinding[J]. Kona,1995,13:113-124.

[139] RAJAMANI R K,GUO D. Acceleration and deceleration of breakage rates in wet ball mills[J]. International journal of mineral processing,1992,34(1/2):103-118.

[140] GENC Ö,ERGÜN S L,BENZER A H. The dependence of specific discharge and breakage rate functions on feed size distributions,operational and design

parameters of industrial scale multi-compartment cement ball mills [J]. Powder technology,2013,239(17):137-146.

[141] FUERSTENAU D W,ABOUZEID A Z M,KAPUR P C. Energy split and kinetics of ball mill grinding of mixture feeds in heterogeneous environment[J]. Powder technology,1992,72(2),105-111.

[142] IPEK H,UCBAS Y,HOSTEN C. Ternary-mix grinding of ceramic raw materials [J]. Minerals engineering,2005,18(1):45-49.

[143] HOLMES J A,PATCHING S W F. Preliminary investigation of the differential grinding of quartz-limestone mixture[J]. Trans. inst. chem. engrs,1957:35.

[144] FUERSTENAU D W,SULLIVAN D A. Analysis of the comminution of mixtures [J]. Canadian journal of chemical engineering,1962,40(2):46-50.

[145] CHARLES R G. Energy-size reduction relationships in comminution [J]. Transactions of AIME mining engineering,1957,208(1):80-88.

[146] KAPUR P C,FUERSTENAU D W. Energy split in multicomponent grinding [J]. International journal of mineral processing,1988,24(1/2):125-142.

[147] FUERSTENAU D W,ABOUZEID A Z M,KAPUR P C. Energy split and kinetics of ball mill grinding of mixture feeds in heterogeneous environment [J]. Powder technology,1992,72(2):105-111.

[148] FUERSTENAU D W,ABOUZEID A Z M,VAKIL K,et al. Role of energy split factors in the ball mill grinding of multicomponent feeds in heterogeneous environments [C]// Proc 7th European Comminution Symp,Yugoslavia. Eur Fed Chem Eng Pub Ser,1990,85:565-576.

[149] FUERSTENAU D W,ABOUZEID A Z M. Effect of fine particles on the kinetics and energetics of grinding coarse particles [J]. International journal of mineral processing,1991,31(3/4):151-162.

[150] XIE W,HE Y,GE Z,et al. An analysis of the energy split for grinding coal/calcite mixture in a ball-and-race mill [J]. Minerals engineering,2016,93:1-9.

[151] GAN W,CROZIER B,LIU Q. Effect of citric acid on inhibiting hexadecane-quartz coagulation in aqueous solutions containing Ca^{2+},$Mg^{2+}$and Fe^{3+}ions [J]. International journal of mineral processing,2009,92(1):84-91.

[152] 欧乐明,叶家笋,曾维伟,等. 铁离子和亚铁离子对菱锌矿和石英浮选的影响[J]. 有色金属(选矿部分),2012,6:79-82.

[153] GAN W,LIU Q. Coagulation of bitumen with kaolinite in aqueous solutions containing Ca^{2+}, Mg^{2+} and Fe^{3+}: effect of citric acid [J]. Journal of colloid & interface science,2008,324(1/2):85-91.

[154] MPOFU P, ADDAI-MENSAH J, RALSTON J. Influence of hydrolyzable metal irons on the interfacial chemistry, particle interactions, and dewatering behavior of kaolinite dispersions[J]. Journal of colloid & interface science,2003,261 (2):349-359.

[155] 陈荩,陈万雄,孙中溪. 金属离子活化石英的判据及规律[J]. 金属矿山, 1982,6:30-33.

[156] VAN OSS C J, GIESE R F. DLVO and non-DLVO interactions in hectorite[J]. Mining engineering,1984(36):1177-1181.

[157] PETSEV D N, DENKOV N D, KRALCHEVSKY P A. DLVO and non-DLVO surface forces and interactions in colloidal dispersions [J]. Journal of dispersion science and technology,1997,18(6/7):647-652.

[158] MYERS D. Surfaces, interfaces and colloids, principles and applications[M]. New York:Wiley VCH,1999.

[159] MORRISON S R. The chemical physics of surfaces [M]. New York: Plenum Press,1997.

[160] 方启学,许玉琴,卢寿慈,等. 微细矿粒分散与选择性聚团及分选的关系研究[J]. 矿产综合利用,1996(3):1-7.

[161] SONG S X,LU S C. Hydrophobic flocculation of fine hematite,siderite,and rhodochrosite particles in aqueous solution original research article[J]. Journal of colloid and interface science,1994,166(1):35-42.

[162] HIEMENZ P C. Principles of collide and surface forces chemistry [M]. New York:Marcel Dekker Inc.,1977.

[163] DAVIES J T, RIDEAL E K. Interfacial phenomena [M]. London: Academic Press Inc.,1963.

[164] MIETTINEN T, RALSTON J. The limits of fine particle flotation[J]. Minerals engineering,2010,23(5):420-437.

[165] 张明. 东鞍山含碳酸盐铁矿石浮选行为研究[D]. 沈阳:东北大学,2009.

[166] CHIMWANI N, MULENGA F K, HILDEBRANDT D, et al. Scale-up of batch grinding data for simulation of industrial milling of platinum group minerals ore

[J]. Minerals engineering,2014,63(8):100-109.

[167] METZGER M J,GLASSER D,HAUSBERGER B,et al. Use of the attainable region analysis to optimize particle breakage in a ball mill[J]. Chemical engineering science,2009,64(17):3766-3777.

[168] KING R P. Preface-modeling and simulation of mineral processing systems [J]. Modeling & simulation of mineral processing systems,2003,217(1):77-78.

[169] MULENGA F K,CHIMWANI N. Introduction to the use of the attainable region method in determining the optimal residence time of a ball mill[J]. International journal of mineral processing,2013,125(49):39-50.

[170] METZGER M J,DESAI S P,GLASSER D,et al. Using the attainable region analysis to determine the effect of process parameters on breakage in a ball mill [J]. AIChE journal,2012,58(9):2665-2673.

[171] KATUBILWA F M,MOYS M H. Effect of ball size distribution on milling rate [J]. Minerals engineering,2009,22(15):1283-1288.

[172] ENGLERT A H,RUBIO J. Characterization and environmental application of a Chilean natural zeolite[J]. International journal of mineral processing,2005,75 (1/2):21-29.

[173] GUPTA V K,HODOUIN D,EVERELL M D. An analysis of wet grinding operation using a linearized population balance model for a pilot scale grate-discharge ball mill [J]. Powder technology,1982,32(2):233-244.

[174] FOGGIATTO B,JR H D,VERÍSSIMO E. Modelling and simulating the Carajas grinding circuit[C]. International Meeting on Ironmaking & Second International Symposium on Iron Ore. Brazil,2008:90-103.

[175] 张一清. 湿式磨矿过程中钢球磨损机理的研究[D]. 武汉:武汉科技大学,1999.

[176] 谢恒星,张一清,李松仁,等. 矿浆流变特性对钢球磨损规律的影响[J]. 武汉化工学院学报,2001(1):34-36.

[177] 杨小生,陈荩. 选矿流变学及其应用[M]. 长沙:中南工业大学出版社,1995.

[178] 罗春梅. 云锡公司锡矿石细磨工艺工作参数的优化研究[D]. 昆明:昆明理工大学,2007.